爱 上 北 外 滩
HISTORY OF THE NORTH BUND

⊙ 主编 熊月之

上海大厦

BROADWAY MANSIONS

⊙ 叶舟 著

上海人民出版社 学林出版社

本书获虹口区宣传文化事业专项资金扶持

《上海大厦》编纂委员会

主　任
　　吴　强　郑　宏

主　编
　　熊月之

副主编
　　陆　健　李　俊　黄嘉宇

撰　稿
　　叶　舟

策　划
　　虹口区档案馆
　　虹口区地方志办公室

序

地理社会学常识告诉我们，山环挡风则气不散，有水为界则气为聚。世界上大江大河弯环入海处，每每就是人类繁衍、都市产生、文明昌盛之地。

浩浩黄浦，波翻浪涌，流经上海城厢东南一带，缓弯向北，与吴淞江合流之后，又急弯向东，折北流入长江口。黄浦江在上海境域流线，恰好形成由两个半环连成的"S"形。于是，这里成为聚人汇财的风水宝地。

虹口一带江面，为江（吴淞江）浦（黄浦）合流之处。二水合力作用，使得这里水深江阔、江底平实，最宜建造码头、停泊船只、载人运货。此地呈东西向。水北之性属阳，那是阳光灿烂、草木葳蕤、熙来攘往、生机盎然之所在，宜居宜业宜学宜游。于是，林立的码头、兴旺的商铺、别致的住宅、华美的宾馆、发达的学校、美丽的花园、慈善的医院，还有各国的领事馆，成为虹口滨江一带亮丽的风景。

虹口滨江一带，近代曾属美租界。美、英两租界在1863年合并为公共租界以后，在功能上有所区分。苏州河以南、原为英租界部分，以商业、金融、住宅为主；苏州河以北、原为美租界部分，西段（虹口）以商业、文化、住宅、宾馆、领馆较为集中，东段（杨树浦）以工业较为集中，航运业则为两段所共有。

于是，黄浦江在此地的弯环处，即从南京路到提篮桥一带，成为上海名副其实的国际会客厅。这里分布了众多的宾馆、公寓、领馆，以及教堂、公园、剧院、邮局等公共设施。汇中饭店、华懋饭店、浦江饭店、上海大厦、上海邮政大楼、河滨大楼，外滩公园、英国领事馆、美国领事馆、俄罗斯领事馆、日本领事馆、意大利领事馆、奥匈帝国领事馆、比利时领事馆、丹麦领事馆、葡萄牙领事馆、西班牙领事馆、挪威领事馆，均荟萃此地。五洲商贾，四方宾客，由吴淞口驶近上海，首先映入眼帘的，便是这一带风姿各异、错落有致的楼宇、桥梁与花园。他们离开上海，最后挥手告别的，也是这道风景线。难怪，20世纪二三十年代关于上海城市的明信片上，最为集中的景点也是这些。

本套丛书记述的浦江饭店、上海大厦、上海邮政大楼、河滨大楼，正是上海会客厅中的佼佼者。

浦江饭店（原名礼查饭店）是上海也是中国第一家现代意义上的国际旅馆，位置绝佳，设施一流。来沪的诸多名人，包括著名的《密勒氏评论报》的创始人富兰克林·密勒、主编鲍威尔，美国密苏里大学新闻学院院长沃尔特·威廉，采访过毛泽东等中共领袖、撰写《西行漫记》的美国记者斯诺，美国知名小说家与剧作家彼得·凯恩，国际计划生育运动创始人山额夫人，诺贝尔文学奖获得者萧伯纳，享有"无线电之父"美誉的意大利科学家马可尼，均曾下榻于此。中国政界要人、工商界巨子、文化界名人，颇多在此接待、宴请外宾，诸如民国初年内阁总理唐绍仪、外交家伍朝枢、淞沪护军使何丰林、南京国民政府外交部长王正廷、虞洽卿、宋汉章、张嘉璈、方椒伯，复旦大学校长李登辉，翻译家邝富灼，著名防疫专家伍连德，出版家张元济，等等。上海工部局的总董、董事，上海滩的外国大亨，教会学校的师生，借这里宴客、聚会，举行毕业典礼，更是家常便饭。他们之所以选择这里，因为这里代表上海的门面，体现上海的身份，反映上海的水平。1927年"四一二"反革命政变以后，遭国民党反动派追捕的无产阶级革命家周恩来、邓颖超夫妇，也曾在这里隐身一个多月。

上海大厦（原名百老汇大厦），是历史悠久、风格别致、装潢典雅、国际闻名的高级公寓，一度是上海最高建筑，也是近赏外滩、远眺浦东、俯察二河（黄浦江、苏州河）、环视上海秀色的最佳观景台。新中国成立后，这里曾是上海接待外国元首的最佳宾馆，党和国家领导人曾陪同外国元首、贵宾，在这里纵论天下大事，细品上海美景。上海大厦是上海历史变迁的见证。1937年日本侵占上海以后，百老汇大厦一度成为日本侵华据点。日本宪兵队特务机构特高课、日本文化特务机构"兴亚院"的分支机构设在这里，许多日本高级将领、杀人魔王入住其中，烟馆、赌场亦开设其中。这里变成骇人听闻、乌烟瘴气的魔窟。抗战胜利后，国民党中央宣传部国际宣传处上海办事处、一批美军在华机构相继迁居其中，一大批外国记者居住于此，法国新闻社、美国新闻处、经济日报等也搬了进来，使得这里成为与西方世界联系最密切的地方。1949年上海解放前夕，蒋经国是在这里举行他离开上海前最后一次会议。上海的最后解放，也是以百老汇大厦回到人民手中为标志的。

上海邮政大楼是上海现代邮政特别发达的标志。邮政是国家与城市的经脉。近代上海是我国现代邮政起步城市，全国邮政枢纽之一，也是联系世界的邮政结点之一。邮政大楼规划之精细，设计之精心，建筑之精美，管理之精良，名闻遐迩。耸立在正门上方的钟楼和塔楼，塔楼两侧希腊人雕塑群像，蕴含的深意，更增添了大楼的美感与韵味。这是迄今保存最为完整、我国早期自建邮政大楼中的仅存硕果，其历史价值无可比拟。邮政大楼矗立北外滩，其功能与航运码头相得益彰，航邮相连，增强了这一带楼宇功能相互联系、相互补充的整体感。至于发生在大楼里、与现代邮政有关的故事，诸如邮票发行、业务拓展、人事代谢，更是每一部中国近代邮政史都不可或缺的。

河滨大楼是近代上海最大公寓楼，商住两用，高8层，占地近7000平方米，建筑总面积近4万平方米，有"远东第一公寓"之美誉。业主为犹太大商人沙逊，整幢建筑呈S造型，取Sassoon的首字母，可谓匠心独具。大楼建筑宏敞精美，用料考究，塔楼、暖气、电梯、游泳池、深井泵、消防泵等各种现代设施一应俱全。楼里起初居住的多为西方人，内以英国人、西班牙人、葡萄牙人、美国人居多。《纽约时报》驻沪办事处、米高梅影片公司驻华办事处、联合电影公司、联利影片有限公司、日华蚕丝株式会社、京沪沪杭甬铁路管理局等中外企业、机关团体、公益组织，最早在楼内办公。抗战胜利以后，上海市轮渡公司、联合国善后救济总署中国分署、联合国驻沪办事处、联合国国际难民组织远东局等，也在此办公。20世纪50年代起，上海中医学院在楼内创立，上海市第一人民医院曾设诊室于此，而众多文化名人入住楼内，更使得这里的文化氛围益发浓厚。

虹口是海派文化重要发源地、承载地、展陈地。新时代虹口，正在绘制新蓝图。经济发达、科技先进、交通便捷、文化繁荣、环境优美，是虹口人的愿景。深入发掘、研究、阐释虹口丰厚的文化底蕴，擦亮虹口文化名片，是虹口愿景的题中应有之义。虹口区高度重视这项工作。本套丛书撰稿人，均多年从事上海历史文化研究，积累丰厚，治学严谨。这四本书，都是第一次以单行本方式，独立展示每一座地标建筑的文化内涵。相信这四本书的出版，对于人们了解北外滩、欣赏北外滩，一定能起到知其沿革、明其奥妙、探赜索隐、钩深致远的作用。

会客厅是绽放笑容、释放热情、展陈文化的场所。这四本书，就是虹口四座大楼向八方来客递上的一张写有自家履历的名片。

张月之

2020年12月9日

目 录

第一章 苏州河的变迁与虹口的发展　　　　　　　1

　　一、苏州河的千年变迁　　　　　　　1
　　二、虹口的百年兴盛　　　　　　　5

第二章 百老汇大厦的兴建　　　　　　　27

　　一、业广公司及其房地产开发　　　　　　　27
　　二、百老汇大厦的设计与兴建　　　　　　　34
　　三、Art Deco风格与百老汇大厦　　　　　　　69

第三章 多灾多难的百老汇大厦　　　　　　　81

　　一、日本侵略者强买百老汇大厦　　　　　　　81
　　二、鬼影绰绰：日军占领时期的百老汇大厦　　　　　　　93
　　三、抗战胜利后百老汇大厦的命运变迁　　　　　　　106
　　四、黎明之前：百老汇大厦工人的抗争　　　　　　　117

第四章 从百老汇大厦到上海大厦　　　　　　　131

　　一、"瓷器店里捉老鼠"：战上海中的百老汇大厦　　　　　　　131
　　二、回到人民怀抱的上海大厦　　　　　　　139
　　三、从交际处到机关事务管理局　　　　　　　151

第五章 特殊时期的上海大厦 165

　　一、大厦中的难忘岁月 165
　　二、阳台上的风云际会 177
　　三、动荡中的上海大厦 186

第六章 焕发新颜的上海大厦 193

　　一、变革中的上海大厦 193
　　二、日新月异的上海大厦 203
　　三、"上海滩之最"的淮扬菜重镇 216
　　四、从寥天楼到上海客厅：上海大厦与艺术的因缘际会 223
　　五、迈向未来的上海大厦 233

附录一 大事记 240

附录二 世界各国领导人及友人莅临上海大厦登高记录 249

参考文献 252

后　记 257

BROADWAY MANSIONS

上 海 大 厦

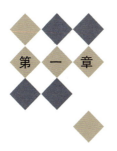

第 一 章

苏州河的变迁与虹口的发展

百老汇大厦位于苏州河和黄浦江的汇合处，同时又处于虹口最南端的北外滩，因此，在讲述百老汇故事之前，苏州河和虹口的历史便不得不提。

一、苏州河的千年变迁

"苏州河"这个名字在上海开埠之前从来没有出现过。这条河本名吴淞江，古称松江，又名松陵江、笠泽江。上海开埠后，英国商人发现从这里乘船可以通过青浦县境内，一直上溯可以到达苏州，所以就叫它 Soochow Creek，即苏州河。这一名称的文字记载，始见于道光二十八年（1848）上海道与英国领事所订扩大租界的协定，此后，便相沿成俗。一般以北新泾为界，以西上游河段仍称吴淞江，以东进入上海市区的下游河段叫苏州河。现在则一般将吴淞江流经上海的河段都叫作苏州河，但国内官方资料和正式出版的上海地图仍称吴淞江，或标作"吴淞江（苏州河）"。苏州河这个名称，为政府和市民所公认，其实不过最近几十年的事情。

《尚书·禹贡》记载："三江既入，震泽底定。"谓大禹开凿三江，震泽（古太湖）洪水始得通畅排入江海，不致泛滥成灾，震泽周边，因之得以安定。在古代文献中，松江与娄江、东江并称"三江"。东晋庾仲初《扬都赋注》云："今太湖东注为松江，下七十里有水口分流。东北入海为娄江，东南入海为东江，与松江而三也。"娄江与东江水道在今何处仍有争议，但公认的是从东南入海的东江和从东北入海的娄江在唐代即已湮塞，自此，松江成为古代沟通太湖与大海的唯一干流。

　　早期吴淞江河道宽广，水势广泛而强大，皮日休在《吴中苦苦雨》中曾言："全吴临巨溟，百里到沪渎。海物竞骈罗，水怪争渗漉。"可见其浩瀚无涯。今天的青龙镇也因此成为当时太湖地区最为重要的港口。但是唐以后，情况发生了变化。吴淞江水系的总体演变趋势与海平面上升作用下的太湖流域地貌的演变密切相关。首先，太湖地区特殊的碟形洼地地貌形态，导致吴淞江河流坡降很小，尤其在涨潮时，潮水位往往反而超过淡水径流水位，因此如果没有水闸阻挡，潮水势必倒灌，这使得吴淞江水系排水天然困难。其次，上海地区的海岸线一直不断向外伸涨，尤其是 2000 年前到 200 年前的推移速度明显比其他历史时期的海岸线推移速度要快得多。据谭其骧的研究，从公元 8 世纪起至 12 世纪，上海地区的海岸线向外伸涨 20 多公里，到达川沙、南汇县城以东一线。[1] 随着海岸线的伸展，吴淞江河线也不断延长，河床比降

上海大厦
BROADWAY MANSIONS

越来越平，流速越来越小，冲淤能力也越来越弱。第三，长江口在此时也日益南移，由此带来的大量泥沙又大大加速了吴淞水系的淤塞。[2] 这一积淤过程从宋代开始逐步发展，到元代已经相当严重，元代以后，这里开始了大规模的水利治理工程，但是由于整个吴淞江的积淤形势已经不可逆转。

早在元代，人们已经发现每当汛期来临之际，浅狭的吴淞江下游河道已经不足以排出积潦，只能依赖两翼疏导，这两翼便是浏河和黄浦，其中获得淀泖水势而日益壮大的黄浦逐渐发展成为相当宽广的大浦，为日后发展创造了重要的条件。

明代永乐元年（1403），负责江南治水的钦差户部尚书夏原吉上疏治水策略，正式提出了日后影响深远的"掣淞入浏"和"黄浦夺淞"计划。夏原吉治水情况研究者众多，此处仅简单作一概括。首先，放弃积重难返的吴淞江下游，通过夏家浜导吴淞江中游入浏河出海。其次，又听从华亭人叶宗行的主张，开凿范家浜，引流直接黄浦，使其深阔畅泄，以解决淀泖泄水问题。学者谢湜认为"黄浦夺淞"其实是反映了太湖泄水方向整体东南移的趋势，可谓势所必然。[3] 此后黄浦江发展成为太湖下游"雄视各渎"的唯一大河，吴淞江反变为其支流，并最终导致了上海港的崛起，由此改变了整个上海地区乃至长江三角洲的政治、经济格局。

此后正德十六年（1521），巡抚都御史李充嗣奉命主持疏浚吴淞江，他亲率民工"穿凿新渠，改入浦之道"，另行拓浚宋家港 70 余里河道，引吴淞江水在今潭子湾附近折东改道至宋家浜，经范家浜入海。隆庆三年（1569），巡抚都御史海瑞主持疏浚吴淞江下游河道，他采用的方法是借饥民之力，"按江故道，兴工挑浚"，历时一个半月，疏浚黄渡至宋家浜河道约 80 里，并拓宽延伸吴淞江"故道"约 10 里至今外白渡桥附近，直接纳入黄浦江形成淞浦汇合口。自此吴淞江下游上海市区段完全南移进入今道。江浦汇合口也由古黄浦口（今虹口港嘉兴路桥处）移至外滩、陆家嘴处。而原居其北面，西自黄渡，东至入浦口的故道改称旧江，又因其屈曲如虬龙，名曰"虬江"。其实，根据满志敏、傅林祥等学者的研究，今天的苏州河和黄浦江河道的发展，并不完全是哪一次水利工程的结果，而是水流自然冲刷的结果。形成如此主道改流的效应，实际上与当时的黄浦江发育有密切关系，而水利工程只不过是循着现成的水道顺势而为。[4]近代以前，吴淞江的主要作用体现在水利方面，其功能有二：一是太湖的重要泄水通道，二是重要的漕粮运输线路。到了近代，随着上海发展成为一个通商口岸，城市范围开始剧烈扩张，名字换成"苏州河"的吴淞江的功能也开始变化，航运职能逐渐后来居上，成为其地位提升的关键。

吴淞江和黄浦江是上海最重要的母亲河，淞浦汇合口则是这两条河重中之重。也正是由于有了这个淞浦汇合口，才会有日后多姿多彩、曲折动人的上海大厦的传奇故事。

二、虹口的百年兴盛

"虹口"之名不见于明代，在明代弘治、嘉靖、万历《上海县志》上，均无"虹口"之称。但是当时习惯将上海浦入吴淞江故道的河口称为"黄浦口"或者"洪口"。[5]随着海瑞修浚吴淞江，原上海浦越范家浜北上至黄浦口河段称"沙洪"，"洪口"也南移至"沙洪"入黄浦的河口。清代乾隆《上海县志》的县境全图上，吴淞江北岸的虬江、引翔港、杨树浦、曹家渡、夏海铺以东的一条河道口处出现了"虹口"二字。而嘉庆《上海县志》卷首水道图上，杨树浦、下海浦以西，原"虹口"以上的水道位置上出现了"北穿洪""中穿洪"，而在中穿洪和黄浦江的交界处有"洪口"。可见当时"虹口"和"洪口"是并用的，"虹口"很可能是"洪口"的雅化。至乾隆、嘉庆时期的《上海县志》

仍将两称并用，直到同治朝修志才统一使用"虹口"。

民国《上海县续志》对沙洪河的位置及流经区域进行了详细的记载："虹口港，即前志沙洪。纳浦潮西北流，过北新虹桥，又西北折而东，过何家桥。又西北至分水庙分为三。一东出过陶家湾、虹镇，又东北入宝山县境。一北出至诸家行而东流。一西北出，过谈家桥，入宝山县境。"[6]金一超参考《虹口区地名志》所附区境历史河道变迁图，认为清朝至民国沙洪（虹口港）的河道大致为：自黄浦江虹口北流，过北新虹桥（原鸭绿江路桥，今海宁路桥），先西北流，旋即折而东流（入今沙泾港河道），过何家桥（原沙泾港上胡家木桥，令通州路桥处），再西北流至分水龙王庙（今临平路泾东路口附近）一分为三。中洪（又名沙虹港，已填没）沿着今东沙洪港路—蒋家桥路北流；南洪先沿临平路南流，在陶家湾（原陶家湾路，今临平路飞虹路口附近）东北折，沿今飞虹路—虹镇老街东北流；北洪沿着今临平北路—欧阳路流向宝山。[7]

今天的虹口南部在当时属上海县二十三保，但二十三保内长久以来仅只有"引翔港市"一个集聚地。引翔港市在"虹口"的东北方向，它离吴淞口虽尚有10余里路，其价值只是一个"警防要地"。明清之际，沙洪入浦口水势和缓，河道两岸成为渔民暂歇晒网佳地，虹口地区开始有了一定发展。康熙十八年（1679），二十三保（今虹口区南部属二十三保）里民钱瑞、金章倡在今苏州河口附近发起助造吴淞江头坝义渡，后来两渡口无屋。乾隆年间，邑人张锡怿建代笠亭，供行人歇息避雨。[8]之后，虹口地区客民越聚越多，渐成市镇。但直到道光前，吴淞江北岸的广大地区由于和县城相隔有五六里，交通又不便利，也不为人重视，故人烟稀少，仍然是一片平野，其间浜河纵横，阡陌相望。其实，当时上海县的行政中心在县城及小东门沿黄浦江一带，那里才是当年的繁华之地。不要说虹口，自县城以北直至苏州河两岸都是一片"荒烟蔓草"之区。等到道光二十三年（1843）上海开埠，租界在这里辟设，真正的改变方才开始。

对于以贸易牟利的外国人来说，便于货物运输和仓储的黄浦江畔是设立租界的最佳位置，而对于上海地方政府来说，这片邻近上海县城的"郊区"既避免了华洋混杂，又利于对洋人的监管。开埠后仅一个多月，即道光二十三年底，就有11家洋行在上海落户，到道光二十八年（1848）已增至24家，到咸丰四年（1854）时更激增至120多家，这些洋行依次坐落于黄浦江边，外滩遂成了对华贸易的最大的洋行荟萃之地。原本错落散布着的农田、湿地、芦苇，在租界当局都市化影响下正在一

1889年在原址重建的美国领事馆(虹口区档案馆提供)

点点退去。咸丰三年（1853），小刀会占据上海县城，县城绅民纷纷涌入租界，"江浙子遗无不趋上海，洋泾浜上新建筑，纵横十余里，地价至亩数千金，居民不下百万，商家辐辏，厘税日旺"[9]。据工部局的正式报告，短时期内涌入租界的华人竟剧增到两万人以上。此时的英租界已经出现了人满为患的局面。

苏州河对岸的这片土地当时也开始受到了西方人的关注。道光二十五年（1845），英商东印度公司在徐家滩（今东大名路、高阳路一带）建虹口驳船码头，即日后的高阳路码头前身。不久，英商麦边洋行在今汇山码头江边建浮动码头，成为汇山码头的前身。也就在同一年，美国圣公会主教文惠廉（W.J.Boone）在虹口头坝以北置地造屋。文惠廉一眼看中了这片离城较远但价格低廉的苏州河北岸，以借建造教堂之名，在苏州河北岸广置地产，并于次年向道台提出了建立美侨居留地的要求。当时官府认为虹口地偏人稀，不甚重视，加上有造屋在先的既成事实，交涉数日之后，便口头同意将北岸沿江约8万平方米作为美侨居留地。这样，苏州河北岸的部分区域成了美国的租界范围。但由于当时地处偏僻，直至五六十年代，居住在苏州河以北的外国侨民仍然很少，仅有圣公会的寥寥几处房产、几个码头和几家供水手娱乐的酒食处所。

正如吴俊范所言，码头业主为了给货物的水陆联运创造方便的通道，使自己的货栈仓库区与码头卸货区之间具备必要的交通条件，必须在码头区的背后修筑通道（一般称为出浦通道），这就是黄浦江边最早出现的道路。这些纯粹以获取商业利益为目的、被私人业主策划并投资修建的道路，虽然局促短小，却是上海城市道路网的起源。更何况，城市道路不仅是货物运输的通道，更是人员流动与信息传递的通道，所以平行延伸的出浦通道还需要与连接市区与码头货栈区的主干道贯通，这就是早期道路网络首先在沿江一带形成的机理。当时虹

美国驻上海领事馆

（虹口区档案馆提供）

口借以贯通东西的主干道仅有百老汇路一条，但该路在外白渡桥建成之前，并不足以担当连接英租界中心城区与虹口码头区的重任。造成这种状况的原因，除却虹口区开发较晚、私人筑路的无序性和各自为政、桥梁技术和资金问题以外，和外滩港区刚刚饱和、新的港区沿黄浦江东扩的动力尚不足够、对虹口东区道路的配套要求不高也有关系。[10] 当时的文献也证明了这一点："其时，美国在虹口的租界中只有一条大街，就是百老汇路（今大名路），其余并未开发。这里的地势很低，所以每遇潮水高涨之时，百老汇路简直是一片汪洋，成了一条小河，两旁原已老旧的房屋都深浸在水中，十分不便，但一过苏州河则情形截然不同了，那英国租界是何等的清洁有序、何等的繁盛。"[11] 甚至直到 19 世纪 80 年代，虹口的城市化进程仍停留在离黄浦江沿江不远一带。光绪十四年（1888），因疏浚吴淞江，日后开发百老汇大厦的业广地产公司"打算将在苏州河上雇用的疏浚船挖出的泥浆填进乍浦路北端的池塘里，因为这些池塘都是死水塘，而且附近一带没有居民"。当时很多外国人往往都会在苏州河的对岸停住脚步，不再向对岸走过去。所以美国人只能以羡慕的目光看着对岸的英国租界以及它的财富、良好的秩序和整洁的街道。再加上美租界"警力维持不及英租界得力"[12]，导致"虹口一带地方比较荒凉"。[13] 在这种情况下，美租界希望借英租界的光来改变虹口的面貌，一度当过美国代理领事的旗昌洋行大班金能亨开始和美国领事熙华德倡议英、美租界合并。

同治元年（1862）3 月 31 日，英租界租地人会议通过了将美租界并入英租界的议案。1863 年 6 月 25 日，美国领事熙华德和上海道台黄芳商妥，划定美租界范围：西面从护界河（即泥城浜）对岸之点（约今西藏北路南端）起，向东沿苏州河及黄浦江到杨树浦，沿杨树浦向北三里为至，从此处划一直线回到护界河对岸的起点。这就是著名的熙华德线。[14] 1863 年 9 月，美租界租地人会议通过决议，正式宣布英、美租界合并。合并后的英美租界称为 Foreign Settlement，或加上"North of Yang-King-Pang Greek"字样，意即外人租界或洋泾浜北首外人租界。光绪十九年（1893），上海道与美领事正式签订《上海新定虹口租界章程》，基本上确定了美界的界限：东界至杨树浦桥至周家嘴，北界由虹口第五号界石之宝山县界，再由此划一直线至周家嘴。[15] 至光绪二十五年（1899）租界再扩张，又改称 International Settlement，即国际公共租界，通常称为公共租界，此时北线推进到了界路（今天目东路）、靶子路、东嘉兴路、军工路南端一线，至此时虹口的地域范围基本确立。光绪二十六年（1900），公共租界当局将整个境域划为北、东、西、中 4 个区。以虹口港为界，虹口港以东部分属公共租界东区，虹口港以西部分属公共租界北区，今天的上海大厦即位于当时的北区。

这一时期，外部情况也开始发生变化。一方面，应用了蒸汽机等新的驱动技术，比帆船拥有更强的运载力的轮船成为上海航运业的主要力量，而外滩原有的码头却由于尺度、停靠方式等原因无法为轮船装卸货和上下客，迫切需要寻找新的码头。另一方面，由于外滩地区人口的增多，以及港区的混乱，使租界萌生了改造城区的想法，并将此想法付诸实施，最终英租界原港区外滩实现了转变，成为上海最重要的城区，也成为各大洋行、金融业巨头展现其影响力的地方，产业的转型使得这里的地价迅速上涨。种种原因都迫使航运商人把视线转移到苏州河北岸，虹口地区成为接收外滩港区转移的首选目的地。19 世纪 60 年代，随着航运业的发展和苏州河口以南外滩地价的急剧上升，在虹口—杨树浦一带建设码头的洋行越来越多，其中值得一提的是在虹口港以西的黄浦江边是英商汇源洋行的汇源码头，后为美太平洋邮船公司所有。光绪二年（1876），该码头被转售于日商三菱邮船会社，这也是日本势力进入虹口区域的开始。

19世纪末,浦东陆家嘴北望虹口,中间隐约可见的桥是外虹桥,桥东侧(右侧)是轮船招商局中栈码头,桥西侧是日本邮船码头(虹口区档案馆提供)

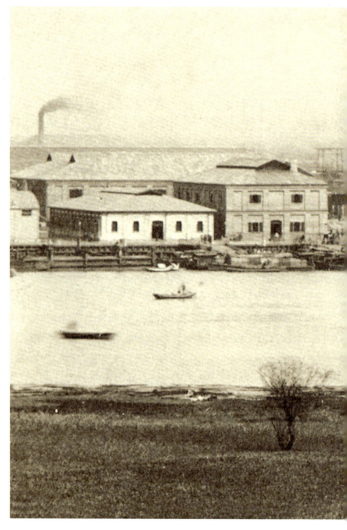

虹口的航运业繁荣并不是偶然的，除了前述的外因外，这里的优势地理位置也是关键动因。首先，黄浦江虹口段靠近苏州河口，常年水流的冲击让这一段"水位较深，可靠远洋大船"；其次，这里是最靠近外滩租界繁华地段的港岸，装卸的货物能够方便地输送到租界中心区域；第三，这里是扼两江咽喉之战略要地。以上三

个原因导致了虹口地区成为继黄浦江外滩段之外航运、产业的首选之地。直至今日，北外滩的未来传奇仍然与这密切相关。而当时再考虑到相对南岸而言较低的地价，嗅到商机的外商尝试向苏州河北岸发展。

港区发展而带来的商业兴旺，使得虹口地区居民日益聚集。1864年的《北华捷报》称："事实上，外国租界没有一个地方像虹口这样，能在过去一年内取得这种显著的地步，码头与宽大的仓库已纷纷修建起来，许多优美的房屋也造好。"[16]1870年8月，工部局收到了众多虹口纳税人的一份请愿书，他们要求"在虹口沿江地带的中央部分，即在闵行路底，修建一座码头，供旅客上下船之用"，工部局也意识到建造这座码头的必要性，对纳税人的请愿书表示赞同，并建议在财政条件许可的情况下，立即动工建造。如今年无法办到，则可在明年的预算内列入一项特别的拨款。[17]1871年，工部局会议录称，这个地方"正迅速到达演变时期，即由一不起眼的村庄突然成为一重要城镇，使得对这一地区的规划也提上日程"。工部局开始认为："为该地区进行设计以应付未来的需要，现在正是时候了。"[18]

此时，苏州河却成为横亘在虹口面前的最大障碍。像苏州河这样的大型河道由于其优越的水运价值，是整个区域赖以生存和发展的血管，但在技术不发达的时代，也会成为发展的地形障碍。没有桥梁，仅靠渡船的交通方式使得居住在苏州河两岸的居民的生活和商贸往来都极为不便。清人毛祥麟著《墨余录》中说："沪城东北有港，名洪口。外通大海，内达吴淞，水急河阔，旧有渡船，而晚即收，江之南北，夜无往来。虽至深夜，唤渡无人渡。"[19]随着英美租界居民的日益增加，两岸交往日益频繁，经由摆渡过江的人日渐增多，在客流高峰，几只手摇渡船难堪重负。苏州河两岸没有桥梁的情况已经成为制约这里发展的最大障碍。

咸丰六年（1856），供职于英商怡和洋行的韦尔斯

20 世纪初的外虹桥向南望的情景，正前方是虹口港入黄浦江口，东侧（左侧）是轮船招商局中栈码头，西侧（右侧）是日本邮船码头。泊在河里的舢板是货轮的交通船，用于接客（虹口区档案馆提供）

和宝顺、兆丰洋行的韦勃、霍格等 20 人（多属洋行经理或鸦片巨贩），看到了此中蕴藏的千载难逢的商机，便集资 1.2 万元成立了苏州河桥梁建筑公司（Soochow Creek Bridge Company），建成了开埠后横跨苏州河的第一座木结构大桥——"韦尔斯桥"，中国人则因桥梁所在位置靠近"头摆渡"，称其为"摆渡桥"。该桥中跨设置了一个活动桥面，有船只驶过时则将活动桥面吊起以便通航。如洛如花馆主人在《春申浦竹枝词》所言："大桥跨浦若长虹，百尺飞梁气象雄。中有枢机能上下，轮船竟不转风篷（木桥大桥跨浦中，能拽起，以便轮过）。"[20] 但是由于这座桥坚持收费，并不能从根本上解决交通往来的困难。同治十二年（1873），工部局将韦尔斯桥拆毁，同年 7 月 28 日，在原桥西侧建了一座新桥。当时舆论称："今者苏州河面之新大桥业已竣工，铁柱架空，石驳撼水，其桥式与旧大桥相仿，桥面横铺，虹梁高卧，栏杆彩焕，平板声宏。"[21] 工部局将其命名为 Garden Bridge（花园桥），而中国人则因过桥不再纳税而称其为外白渡桥。1907 年，

最早的外白渡桥
（虹口区档案馆
提供）

1873年，工部局
重建的第二代外
白渡桥，又称花
园桥，摄于19世
纪90年代（虹口
区档案馆提供）

外白渡桥通车典
礼上，两辆电车
同时驶上外白渡
桥（虹口区档案
馆提供）

百老汇大厦（今
上海大厦）与外
白渡桥（虹口区
档案馆提供）

20 世纪 30 年代的百老汇大厦与外白渡桥（虹口区档案馆提供）

1905 年的百老汇路
（虹口区档案馆提供）

钢制外白渡桥终于如期竣工，桥面铺设的电车轨道亦于同年完成。1908年3月5日，第一辆有轨电车顺利驶过外白渡桥，苏州河两岸的交通又掀开了新的一页，虹口的发展也进入了新的时期。只不过当时，谁也未曾料想到，这座桥日后竟在相当长的时间与上海大厦紧紧联系在了一起，并且在相当长的可预见的未来还会继续在一起，构成一道仿佛永远无法分割的绚丽景观。

百老汇路是当年百老汇大厦得名的原因，也是虹口地区早期最重要的一条道路，我们可以根据吴俊范对这条道路的扩展和改道的详细论述来看虹口早期发展的一个过程。

由于码头出浦通道需要东西向主干道连接，早在1862年前，在虹口港以东，西起虹口港，东至提篮桥地区的美租界边界线，由私人筑成老百老汇路。几乎在同一时段，同样是私人在虹口港以西，东起虹口港，西过武昌路之地筑成虹口路，当时尚未延伸至虹口外滩。虹口港上有桥与百老汇路连接，也系私人桥梁。这条虹口路可视为百老汇路跨越虹口港连续向前扩展的延伸段。1862年，市政拟纳入工部局统一管理，虹口路也由私人业主交付公用。1863年，虹口路延伸到靠近礼查饭店的外滩。此时虹口路与黄浦路对接，可向西折向韦尔斯桥，通英租界。1864年，连接老百老汇路与虹口路的外虹桥交付公用，百老汇路的通达性增强。1867年，百老汇路与吴淞路之间的虹口外滩堤岸修筑完成。新的坚固堤岸减缓了潮汐对路基的冲击，利于道路建设和产业增值。1873年，外白渡桥筑成，正式命名，便利苏州河南北的交通，激发城区扩张。1875年，为了与外白渡桥对接，沟通英租界与码头工业区，工部局提议将虹口路改道向外白渡桥延伸，而原来外滩一段则成为后来的礼查路。1875年，工部局将新筑的虹口路更名为百老汇路，虹口港两段主干道连为一体。新建的百老汇路真正成为虹口新港区通往英租界中心城区的主干道。[22]

民国初的外白渡桥北堍百老汇路（今大名路），右侧是 1907 年重建的礼查饭店，左侧是大英医院药房，前方有尖顶的建筑是 1915 年建成的日本邮便局（虹口区档案馆提供）

20 世纪 20 年代百老汇路（今大名路）南望，前方是外白渡桥（虹口区档案馆提供）

从百老汇路的发展史可知，虹口设立租界后，产业主自发开辟的出浦通道是这里城市化的肇始，但毕竟由于当时美租界部分发展不够，工部局对这里的道路建设并不重视，产业主各自为政，财力分散，缺乏规划意识，再加上受苏州河、虹口港等自然水道的限制和沿浦堤岸状况差等传统地理条件的制约，早期的港区道路并不具备向纵深陆域扩展的足够的内部动力，区域空间长期徘徊不前。1862 年，英美两租界市政管理合并，此后跨越苏州河的威尔斯桥和虹口港上的旧木桥相继得到重建和改善，沿浦土堤被改造成坚固的石质堤岸，再加上产业主自发地将私有道路交付公用，工部局在改造私路的基础上，开始了对区域的理性规划。百老汇路这一主干道就是在这种背景下得以完善和延展的。此后，虹口地区逐渐形成了南北向的北江西路（1880）、北四川路（1877）、乍浦路（19世纪60年代）、吴淞路（1864）、斐伦路（1877）和东西向的北苏州路（1864）、天潼路（1864）、东武昌路（1864）等七纵四横的道路网。到19世纪80年代初期，虹口地区已经构建起更强大的城市道路网络，由此也推动了相关市政设施的发展。1883年8月，英商上海自来水公司杨树浦水厂开始向包括本区域在内的租界供水。这一区域还是上海供电事业的发源地，1879年4月，公共租界工部局在乍浦路一幢仓库里以10马力（7.46千瓦）蒸汽机为动力，带动自激式直流发电机发电，点燃碳极弧光灯，这也是全中国的第一盏电灯。1867年，英商上海自来火房安排煤气干管过威尔斯桥通向虹口地区，沿百老汇路、提篮桥一带，安装煤气路灯50盏。发展这些市政设施的最初目的主要是为了配合码头等港岸设施的需要，而在市政设施渐趋完善之后，居住、商业、工业等内容也随之繁盛起来。同治四年（1865），清廷在虹口港入黄浦江口跨岸开设国内规模最大的一家兵工厂——江南制造总局。翌年，粤商于东百老汇路开设上海第一家民族资本的发昌机器房。几乎在同时，叶澄衷在百老汇路开设顺记洋杂货号起，中小型五金商号在其附近迅速发展，百老汇路发展成上海著名的五金一条街。

甲午战争后，随着内河轮船的发展，苏州河获得了新的发展机遇，开始成为沟通上海与长三角地区非常重要的航道，从这里出发连接上海与内地的航线，逐渐遍布长三角地区。"走吴淞江者，由苏州而上达常熟、无锡，或达南浔、湖州。"[23]苏州河沿线内河港区逐渐形成，拓展了港口岸线和吞吐能力，加速了进出货物的集散流通，

20 世纪 20 年代中期,在外白渡桥堍十字路中设交通指挥亭,成为上海最早设"红绿灯"的路口之一,约摄于 1926 年(虹口区档案馆提供)

1948 年从百老汇大厦向东鸟瞰。最右侧的高层建筑是原日本领事馆(黄浦路 106 号、武昌路西侧),当时为联合国善后救济署办公室所在地(虹口区档案馆提供)

1948 年从百老汇大厦向北鸟瞰，纵向马路是吴淞路，横向为天潼路，左上高层是位于闵行路 260 号的现公安虹口分局公安大楼（虹口区档案馆提供）

成为近代上海港崛起的重要一翼，并成为近代上海城市与经济发展的另一个强大动力。[24] 苏州河的发展也奠定了两岸繁荣的基础，使其迅速成为上海著名的工业区。时人评论苏州河的地位："江小于浦，亦关系商埠之盛衰。

从百老汇大厦向东北俯瞰,左侧是今长治路,
右侧是今大名路(虹口区档案馆提供)

沿江两岸工厂林立，轮运利便，端赖此江。"[25] 作为苏州河与黄浦江交汇处的虹口，其发展也突飞猛进，逐渐从航运要地转化成为了繁华都市的一部分。而上海大厦的故事也在这里揭开了帷幕。

从百老汇大厦向西南远眺，右侧高楼是邮政大楼，左侧是苏州河南岸，乍浦路桥堍的圆顶建筑是上海第一座水塔，位于江西路香港路交叉口的自来水塔（虹口区档案馆提供）

注　释

1, 谭其骧：《上海市大陆部分的海陆变迁和开发过程》，《考古》1973年第1期。

2, 参见郑肇经主编：《太湖水利技术史》，农业出版社1987年版，第37页。

3, 谢湜：《高乡与低乡：11—16世纪江南区域历史地理研究》，生活·读书·新知三联书店2015年版，第150页。

4, 满志敏：《推测抑或明证：明朝吴淞江主道的变化》，《历史地理》第26辑，2012年。

5, 虹口区志编纂委员会编：《虹口区志》，上海社会科学院出版社1999年版，第85页。

6, 民国《上海县续志》卷四，《上海府县旧志丛书·上海县卷》，上海古籍出版社2015年版。

7, 金一超：《虹口港水通江浦，默护上海肇始处》，《上海地方志》2016年第2期。

8, 乾隆《上海县志》卷六，《上海府县旧志丛书·上海县卷》，上海古籍出版社2015年版。

9, 同治《上海县志》卷一一《兵防》，《上海府县旧志丛书·上海县卷》，上海古籍出版社2015年版。

10, 吴俊范：《从英、美租界道路网的形成看近代上海城市空间的早期拓展》，《历史地理》第21辑，2006年，第135—136页。

11, 【美】霍塞著，越裔译：《出卖上海滩》，上海书店出版社1999年版，第45页。

12, 蒯世勋：《上海公共租界史稿》，上海人民出版社1980年版，第32页。

13, 蒯世勋：《上海公共租界史稿》，上海人民出版社1980年版，第366页。

14, 蒯世勋：《上海公共租界史稿》，上海人民出版社1980年版，第366页。

15, 蒯世勋：《上海公共租界史稿》，上海人民出版社1980年版，第401页。

16, 《1863年的回顾》，转引自上海社会科学院历史研究所编译《太平军在上海：〈北华捷报〉选译》，上海人民出版社1983年版，第505页。

17, 《1870年8月1日》，上海市档案馆编《工部局董事会会议录》，上海古籍出版社2001年版，第725页。

18, 《1871年11月17日》，上海市档案馆编《工部局董事会会议录》，上海古籍出版社2001年版，第843页。

19, 【清】毛祥麟：《墨余录》卷八《大桥》，上海古籍出版社1985年版，第122页。

20, 顾炳权编：《上海洋场竹枝词》，上海书店出版社1996年版，第44页。

21, 《新大桥已成》，《申报》1873年6月5日第2版。

22, 吴俊范：《从英、美租界道路网的形成看近代上海城市空间的早期拓展》，《历史地理》第21辑，2006年，第136—137页。

23, 民国《上海县志》卷二《交通》，《上海府县旧志丛书·上海县卷》，上海古籍出版社2015年版。

24, 戴鞍钢、张修桂：《环境演化与上海地区内河航运的变迁》，《历史地理》第18辑，2002年。

25, 《秦锡田修治吴淞江之意见》，《申报》1922年9月19日第13版。

BROADWAY MANSIONS

上 海 大 厦

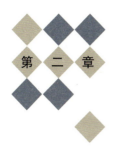

第 二 章

百老汇大厦的兴建

一、业广公司及其房地产开发

讲述百老汇大厦的故事之前，还要说一下大厦的建造者——业广公司。

光绪十四年（1888），上海的地产价格经过几次大的波动，逐渐趋于谷底。一些早期曾参与对华鸦片贸易，积累了雄厚的资本实力的洋行灵敏地感觉到上海作为一个国际性的城市正在快速崛起，房地产业的发展前景不可限量，如果抓住目前地价较低的机会，只要在距离市中心适当的范围内取得土地，定能获得厚利。就在这年的年底，业广公司（Shanghai Land Investment Co.Ltd）创办。公司依据《香港公司注册章程》规定在香港注册。老牌的英商贸易公司仁记洋行（Cibb，Livingston& Co.）是它的经理人。仁记洋行是鸦片战争之后，与怡和洋行、宝顺洋行、义记洋行等洋行一起，随同英国首任驻沪领事巴富尔，从广州来沪的第一批外商洋行之一，牌子老、资历深，在各项经济和社会活动中均占重要地位。现在外滩中国银行和沙逊大厦之间的那条滇池路，过去叫仁记路，即是以仁记洋行命名的。

业广公司的创设人和第一任董事会成员都是几个当时在上海经营房地产业务有素的洋行老板。如仁记洋行的伍德（A. C. Wood）、元芳洋行（Maitland &Co.）的白敦（J. C. Purdon）、公平洋行（Iveson &Co.）的芜得（W. C. Ward）、兆丰洋行（Messrs. Hogg. E.J）的霍格（E. J. Hogg），其中白敦担任第一任董事长。创设初期，业广公司的中文行名为"业广房屋地基公司"，后又曾称"房屋地基业广公司"，主要经营"置产、押地、造屋"及融资、投资等业务。值得注意的是霍格是当年修筑韦尔斯桥的股东之一，而伍德更是1887年和1888年的工部局总董，再联想到公司在创立计划书中提到："要完成这部分产业计划，有待于周围毗邻地区共同的重大改善，为了计划细目，我们打算与工部局合作，作出筑路、埋水管等工程安排"。[1] 我们很难不去联想这家地产商与工部局是否存在利益同构关系。

此时租界中心区的地价已经达到了一定的高度，所以业广公司一成立，便定下经营方针，不在苏州河以南的上海中心地带争夺土地资源，而是眼光独到地在距离租界中心只有一河之隔的虹口购置产业。同时，他们在对市场作了调查和分析后，认为侨民占上海人口总数不会超过5%，而希望和愿意住到苏州河北岸的虹口的侨民更少，于是经营对象主要定位在中国普通市民。业广董事长海恩（H. R. Hearn）在光绪二十一年（1895）股东会议上曾说："适合于中国住户使用的产业，必然成为赚钱的事业"。[2] 两年以后又说："租界之日益重要将大有利于诸位（股东），我们虽不要求租户非份高租，然我们在租金方面仍可以谋求，而且容易获得合理的增加。"[3]

一般认为，业广起家的基础是靠着两块土地的买进。一个是著名的"位立司的地产"（Will's Estate），即在外白渡桥对面，现在的大名路一带，这就是日后的百老汇大厦及其旁边的大块房地产，占地69亩，连同地上的房屋，价银39万两。买入时间是光绪十八年（1892）6月11日。业广买进后，除了划出小部分给工部局外，一直没有再卖出。这块地的地上房屋可年收租金31959

上海大厦
BROADWAY MANSIONS

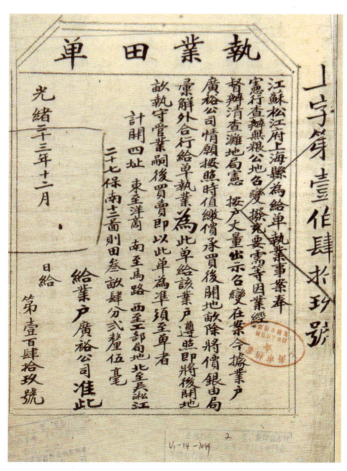

THE PROPOSED LAND INVESTMENT CO., LIMITED.

We briefly mentioned a month ago that an unusually large enterprise was about to be launched on the local market, in the shape of a Land Investment Company. We are now in a position to deal at greater length with the scheme, which seems likely to play an important part in the future developement of Shanghai, and one, the success or failure of which, will be anxiously watched by almost every person who takes an interest in the Model Settlement. The full title of the Company is "The Shanghai Land Investment Company Limited," to be incorporated under the Companies Act. 1865 and 1886 of Hongkong. The Capital is to be Tls. One Million—with power to increase—divided into twenty thousand Fifty Tael shares. It is probable that about half of these shares will be offered to the public in China and Hongkong, on easy terms, namely Tls. 5 on application, Tls. 5 on allotment, and a further sum of Tls. 10

《北华捷报》1888 年 12 月 7 日关于业广公司成立的新闻

位立司地产 1898 年的田契单（上海大厦提供）

银两，还有一部分空地可以开发，所以业广公司在招股启事中说：这块产业"利息可得9厘之外"（意即超过9%）。[4] 这块地发生的故事，我们下面还要重点提到。

另一块产业坐落在吴淞路、北河南路（今河南北路）、天潼路、穿虹浜（今海宁路附近）一带，当时业广称之为"乡下产"。1899年，公共租界扩张，它东北的边界线就是在虹口港嘉兴路桥与军工路和黎平路相接处拉一条直线，在嘉兴路桥的东侧，一条叫沙泾港的小河从这里曲折流过，并入虹口港，在虹口港和沙泾港的东北与租界的边界线之间形成一个"死角"。在当时，这里最多只能算是一个"城乡接合部"，是一大片农田，这就是为什么业广要叫它"乡下产"的原因。由于受虹口港和沙泾港阻隔，出入十分不便，看起来这块土地的利用价值不高，价格也十分便宜。这块产业由两方相连的土地组成共计159.5亩，价银147856银两，每亩合银900余两。业广对这一大片土地已经是蓄谋已久，因为这方土地和上面提到的百老汇大厦的那处房产附近，自南至北沿乍浦路长950英尺，沿北四川路（今四川北路）长1000英尺，沿北江西路（今江西北路）长1300英尺，自东至西沿昆山路长1800英尺，沿文监师路（今塘沽路）长2000英尺，这5条路已经得到工部局董事及纳税外人会议同意开拓延伸。[5] 如前所述，对这一信息早就了如指掌的业广从这个计划中嗅到了金钱的味道。当时业广估算在这块土地上建屋出租，可以获得12.75%的利润。事实也证明，日后道路筑好后，这片地价大涨，业广从中获利银几百万两。其中仅北四川路崇福里的88亩土地出卖时，就得银127.6万两。此后，业广公司又东向今大名路、东汉阳路一带扩展，北向今汉阳路、海伦路一带扩展。业广把这些土地划分成许多块，分别建造沿街商业用房和大街背面的里弄住宅。同时，为改善这里的交通，业广公司还按既定计划，出资委托工部局在虹口港和沙泾港建嘉兴路桥、哈尔滨路桥、柘皋路桥等，同时还建造嘉兴路小菜场、天堂电影院（嘉兴电影院）等生

20 世纪初上海业广公司建造的黄浦路住宅

（虹口区档案馆提供）

活配套设施，吸引了许多人租住，并使这里成为一个人口密集的居住区。从某种角度来看，虹口这片土地的开发与业广公司密不可分。

如前所述，出租房屋一直是业广的主要业务，房屋出租对象主要是小工商业主和中国居民，因此业广建造的房屋多是沿街的商业用房和大街背面的里弄住宅。事实证明，这一经营策略为业广带来了足够的回报，公司的租金收入逐年增长。《上海房地产志》将 1921—1936 年该公司租金收入与租金纯收入的统计列出表格。根据该表格，这 15 年间，该公司租金中合计租金纯收入达 2086.6 万银两，平均每年获得利润 139 万余两，获利不可谓不高。此后虽然上海房地产业的发展受到战事的影响，逐渐走向衰败，但归因于业广这一稳健的经营方针，1933—1935 年租金收入与房地产鼎盛时期的 1930 年、1931 年不相上下。[6]

业广公司的另一经营策略，是先选择有发展前途的地方低价圈占土地，然后以此作抵押，从银行获得贷款建造房屋。待经营至半开发状态或边邻他人土地被开发后，即分割以高价抛出，然后再在他处套进更多土地。

所以从创立后的次年起，业广公司就与汇丰银行建立了透支抵押关系。汇丰银行是业广公司的大股东，持有大量的业广公司债券。业广公司向汇丰银行透支的款额，最多时达到900多万银元，一般常在100万元左右。而业广拿了钱之后，经常又会以房地产作抵押放款，根据《上海房地产志》列出的1918至1936年的年放款数字统计，平均每年放款数额达200万银两，放款对象有中、西商，但多数为中国工商界。通过抵押放款被业广吃进的有青岛路、东大名路、兴仁里等产业。

从业广公司的整个历史看，所有的一切行为都是为了利润最大化服务。公司董事长在出售仁记路地产时曾描绘说："关于出售产业问题，报告已经告诉诸位（股东），我们出售了仁记产在外滩的一部分，我们与此多年老友分离深感惋惜，但是我如此做并非没有经过仔细的考虑，这种考虑让我们有一个结论：就是我们开发这块产业对本公司的利益极为有限。而出卖产业的利润对我们在他处发展产业更有利。"[7]业广公司成立半个世纪以来稳健而又迅速的发展，归根结底和这种利益最大化的经营方针是分不开的。

正是秉承着这样的发展战略，业广公司得以迅速发展。1903年，业广只有13处产业，账面产值400万银两。到1934年，产业增加到26处，产值达2350万银两。31年间共出售15处产业，购置28处产业。该公司占有土地最多时达1000多亩，这些投资带来了丰厚的回报。在1921—1936年的16年中，业广在房地产买卖中共获利754万银两。到20世纪30年代，业广已经是上海房地产行业的领头企业，历届上海房产业主公会和上海土地测量估价公会的负责人都由业广经理担任。即使到1941年太平洋战争爆发时的低谷时期，业广还拥有英册道契191张、美册道契9张，法册道契1张、工部局契1张，共计土地668亩，各类房屋40余万平方米。[8]

也正由于业广利润第一的经营理念，相较于当时在

庇亚士公寓

（《上海地产月刊》

1930年第6卷第41期）

上海的其他地产公司，业广对建筑的艺术性并不过多强调。当然业广公司的产品也并不是没有其独特的风格，它也为上海的"万国建筑博览会"贡献了力量。

1908年，上海正处在全面输入欧洲正统建筑形式的前夜。那年业广在仁记路建成的公司办公楼就是那个时期上海有代表性的建筑之一。有建筑史家将其归于"上海折衷"风格，以区别于19世纪末到20世纪初在欧美盛极一时的折衷主义建筑。业广大楼也是业广公司在建筑设计上唯一的一次完全由外聘建筑师完成的，建筑师是上海著名的通和洋行（Atkinson & Dallas）。建筑总体上带有英国安妮女王时期的艺术风格。该楼目前保存完好，且已被列入上海优秀近代保护建筑名录。不过从这一案例上也可以看出，尽管通和洋行已经做出了地道的法国晚期文艺复兴风格的作品，但仍阻挡不了业广浓重的谋利情结和商人品位。

同样，由于秉承着这一经营理念，业广对高层建筑从不迷恋。据统计，业广拥有房屋总数曾达3000幢以上，其中西式住宅不到200幢，七八层高的公寓大楼也仅2处。业广公司建造的高层建筑除了百老汇大厦之外，最著名的就是庇亚士公寓。当时在虹口的乍浦路、蟠龙街、塘沽路有一块占地约2700平方米的地块，早期由江海北关租用，在这里造"海关俱乐部"（Shanghai Customs Club），1930 年由业广公司收回，开始投资兴建庇亚士公寓。后改称"浦西公寓"，1977 年又增加 2 层，住户主要是旅沪外籍人士。这幢公寓为七层钢筋混凝土结构，共有规格不同的套房 75 套，当时的租住者多为侨民。值得一提的是庇亚士公寓的设计师与百老汇大厦的设计师是同一人——法雷瑞。庇亚士公寓的外墙使用清水红砖，墙角饰隅石，在人口处及檐口有少量的线脚装饰。建筑平面作四方形周边式布局，呈"回"字形，中间是一个 10 米 × 30 米见方的大天井，围绕天井的周边便是房间。公寓有载客电梯 5 部，暖气锅炉 2 台，以及消防设备等，西侧还有 300 多平方米的汽车间。

不久，业广公司又在该公寓东面，即今塘沽路 393 号建小型公寓，塘沽路旧名 Boone Road（文监师路），所以这幢公寓取名 Boone Apartments，今俗称"小浦西公寓"，占地仅 330 平方米，七层钢筋混凝土结构，建筑面积 1700 平方米，原租住户也以侨民为主。另外，1930 年时，某房地产商在梅白格路（新昌路）建造公寓和弄堂住宅，因资金周转失灵而被迫停工，业广公司以抵押的方式收进并投资建设，建成卡尔登公寓（Carlton Apartment，因相近有卡尔登大戏院，解放后卡尔登大戏院改名长江大戏院，该公寓也改称"长江公寓"），今址为黄河路 65 号，原十一层加高为十三层，原七层加高为八层。这几幢楼就是硕果仅存的业广公司建造的高层建筑了。[9]

由此可见，巍峨耸立，高达 21 层的百老汇大厦真是业广发展史上的一个异数，当然也就成为业广在上海最有名、最有影响的建筑。

二、百老汇大厦的设计与兴建

1931 年 3 月 24 日，业广公司一年一度的股东会议召开，公司在大会上宣布了一个消息："我们手头还有一

上海电车公司大楼,1906 年 4 月 24 日工程破土动工,
1908 年 3 月通车。该建筑在建百老汇大厦时拆除,电
车公司则迁至苏州河对岸的南苏州路 185 号

（虹口区档案馆提供）

个计划,要在北苏州河路,邻近外白渡桥的 Cad.Lot.1017
号地块建造一个非常大的建筑,我们会在这个独特的地
块上建造一个现代公寓,这个大厦不仅非常适合商务人
士,而且视野非常好。我们计划将这座建筑命名为百老
汇大厦（Broadway Mansions）。本年 7 月,建设工程即
开始着手,这项工程再次由我们自己的团队来完成。"[10]
这是"百老汇大厦"这个字眼第一次出现在新闻媒体上,
也是百老汇大厦这项工程第一次公之于众。

Cad.Lot.1017 号地块就是前面提到的"位立司地块",
1905 年,英商成立上海制造电气电车公司,简称"英商
上海电车公司"（Shanghai Trainway Co.）。规划中就有
两条电车线路必须在外白渡桥处越过苏州河,由此重建
了外白渡桥。同时又租用了业广这个位于外白渡桥北塊
的黄金地块,把公司设在这里。电车的开通也为虹口市
政建设和经济发展起到了积极的推进作用,使这里成了
人口稠密的住宅区和经济发展的商业区,地价和房价不
断上涨,"业广"就成了既得利益者。但是业广并不觉得

这个地块已经充分发挥了其价值，此时决定将其收回，建造一幢庞大的房子。之所以将其命名为百老汇大厦，就是因为其位于北苏州路和百老汇路的拐角口。根据业广的计划，这座大厦将从百老汇路上的大英医院普济药房（Mactavish）延伸到吴淞路上的商船总会（Merchants Service Club），向南面对外滩，可以俯瞰英国领事馆花园，拥有苏州河两岸的最佳观赏视角。沿路的老店将会被夷平，百老汇路将扩至25英尺，普济药房这一角将变成半径50英尺的大圆环。[11]

前文我们已经提及，以业广公司向来的经营策略而言，百老汇大厦似乎是一个"异数"，但实际上当年业广公司付诸实施的这个计划，却是一个经过充分论证，相当有可行性的方案。

业广准备实施百老汇大厦计划时，上海房地产业正值20世纪二三十年代的黄金时代。这一阶段，中国资本主义经济有了明显的增长，城市住宅、办公和商业用房的需求日趋紧张，城市地价持续飙升，作为当时中国经济的中心，上海房地产业开始步入空前繁荣的黄金时代。曾经有人这样描述："到了20世纪30年代，上海的房地产市场已经完全疯狂，任何人都可以反复地进行狂热的房地产投机活动。过去宽敞别墅的户主很高兴地将自己的土地分割出去，将它们卖给出价高的人，随他们铲平花园，拆除别墅。"[12]人们称之为上海"历史上无与伦比的房地产繁荣"。[13]

这个房地产业的黄金时代最明显的标志便是摩天大楼的大量涌现，人们"看到宏伟的新建筑在上海拔地而起"。[14]自20世纪20年代后期开始，上海的房地产商纷纷把投资重点转向了高层建筑，据不完全统计，1929—1938年间，上海建成十层以上的高层建筑达31幢。如楼高14层、高度57米的华懋公寓（今锦江饭店北楼），主体部分楼高13层、高度达77米的沙逊大厦（今和平饭店），以及1934年建成的，号称当时远东的第一高楼，在上海保持其高度纪录近半个世纪的 83.8 米、24 层的四行储蓄会大厦（今国际饭店）等均在此时出现，而百老汇大厦也是这场高度竞争中的领先选手之一。这些摩天大楼的大规模出现，当然和房地产业的黄金时代相关，但也有其自身发展的逻辑。

首先是上海中心城市的人口迅速集聚，市场需求的扩张推动了当地房地产业的发展，随之而来的就是土地价格的不断上涨。据工部局的地价统计，以公共租界为例，土地价格从 1911 年以来，在短短的 20 年间，飙升了 4 倍多，而 1865—1911 年的 46 年间土地价格仅上升 6 倍左右。1927—1933 年，迎来了前所未有的高涨时期。1927—1930 年间竟上涨了 44%，即使受 1932 年"一·二八"事变的影响，1930—1933 年间也上涨了 26%。[15] 而且公共租界的地价还呈现出级差越来越大、用地越来越紧张的局面。这就迫使房地产商要么选择地租较低的地方，要么建造更高的建筑物以获取高额的利润。

其次是建筑相关的法规政策发生变化。1903 年，工部局颁布了《西式建筑规则》，此后分别在 1916 年 6 月、1919 年 7 月，以及 20 世纪 30 年代末进行了修改。关于对高度的限制，1903 年《西式建筑规则》第 48 条规定，任何新建建筑（铁骨架或钢骨架建筑、教堂或礼拜堂除外）都不能超过 85 英尺高。到了 1916 年出台的《新西式建筑规则》，第 14 条中首次出现了建筑高度与道路宽度的协调控制的相关规定。该条款 b 项对建筑物一面临街时的情况做了规定，规定该建筑物高度与相邻道路的宽度有关并由其决定，即不能大于毗邻道路宽度的 1.5 倍。这是工部局的建筑法规对建筑物高度的控制从单一的绝对数值控制转变为一种相对控制。到了 1919 年 7 月 17 日，工部局再次对该条局部条款修订，修订后的内容如下：（甲）各种房屋（教堂除外）之高度，（除去轩楼或其他装饰物），如未经本局之允许，不得高过 84 英尺。但必要时本局得考虑其房屋四邻之情况，而酌加之。如新屋一边有宽过 150 英尺之永留空地时，则本局不拒绝其加过上订高度。[16] 该条款对这之后公共租界城市空间形态的形成产生了很大的影响，那些周边有较大宽敞地带的区域内，可以对限高进行有条件的突破，为摩天大楼在上海的出现留下了空间。诸如外滩、苏州河边、跑马场（今人民广场）地区，由于面对着超过 150 英尺宽的空旷地带，根据该条款其高度可以不受限制，包括百老汇大厦在内的大部分新建的高层建筑恰恰分布于此。如汇丰银行、沙逊大厦、中国银行、怡和洋行、亚细亚火油公司、上海总会等建筑，都代表了当时最辉煌的建筑成就，外滩富有特色的天际轮廓线也就此形成。

　　另一个重要的积极因素则是技术的发展，技术革新使建筑向高处发展成为可能。在传统砖（石）木混合结构时期，建筑物的高度依赖于承重材料的性能，即砖块的性能，在砖块性能一定的情况下，若想造较高的建筑，则必须要加大墙厚，而这样会占用大量建筑面积，在达到一定高度以后，从经济意义上来说是不划算的。由于上海地质状况较差，沉降严重，也就决定了传统的砖（石）木混合结构是不可能也不适合建造高层建筑的，但这一问题随着建筑技术和材料的发展得到解决。由于钢铁、混凝土等建筑材料在建筑领域的广泛推广应用，钢筋混凝土框架结构与钢框架结构设计技术的引进和使用，建造高层建筑的技术难题得到解决，结构跨度也不断加大，建立在传统建筑技术基础上的各种局限也被彻底打破。在新材料、新结构被普遍采用的同时，各种新的施工技术、建筑设备亦被广泛用于各类工程建造中，是促使高层建筑建设达到高峰的重要原因。1880 年电梯发明，自 1889 年后开始在美国建筑中投入使用，而 20 世纪初，电梯也在上海出现，它的发明和逐渐普及为建筑物向高空发展带来了一种垂直交通工具。卫生、制冷暖等建筑设备的引进也为高层建筑的发展打下了基础。这一时期又正值 1929—1933 年的世界性经济危机，欧美建筑市场大量滞销的各类建筑材料被源源不断地倾销到上海，"各种金属的进口量，特别是建筑用结构钢、钢筋、钢条和软钢条的进口量有显著的增加。这类金属都由各建筑公司进口，它们在最近几年中，业务经营相当活跃"。[17] 由此推动了中国建筑市场用钢量剧增，也推进了钢筋混凝土结构和钢框架结构的大量使用，使得建设摩天大楼变得更为便宜和迅速。可以说，正是由于20年代末30年代初上海高层建筑设计、结构、施工、设备等技术都已具备了相当高的水平，再加上高层建筑利润率高，从而促使上海的房地产商们抓住机会，利用廉价材料和劳动力竞相投资，带来了上海高层建筑在短时期内的空前繁荣。

百老汇大厦还有一个重要的特色，即它是作为高层公寓而设计建造的。高层公寓楼是在30年代上海应运而生的一种新的住宅形式。这些公寓多为十层以上，平面多为单元式组合，各单元在平面上可隔离而互不连通，每单元有独用电梯和楼梯作竖向交通。这一时期有代表性的高层公寓楼除了百老汇大厦以外，还有峻岭寄庐（1935年，现上海锦江饭店中楼）、毕卡第公寓（1934年，现上海衡山宾馆）、汉弥尔登大厦（1933年，现上海五洲实业公司）等。据记录，上海第一座公寓大楼建于1924年，在1926—1934年间，就建成了59座，其中13座是在1933年建成的。

高层公寓的大量出现同样与房地产市场的供需变化相关。美国作家霍塞的《出卖上海滩》描写了20世纪30年代上海居住时尚的转变："（原先）白种人大都住在海格路、虹桥路、静安寺路或大西路上，大班阶级大都在这些地段有着别墅或花园。不过这时，大部分的上海先生们都已移居于近几年来所新造的大厦公寓。这种公寓，有几所就在市中心的附近，租价既很便宜，进出又甚便当，而设备上也很完全。里边的窗户很大，所以亮光和空气也很充足，里边并有着电气冰箱、电扇等的装置。"[18] 上海大批的洋行外国职员和城市中上层人士向往现代居住生活方式，地点适中、交通方便、设施齐全的公寓住宅受到他们的欢迎。当时对很多中上层人士而言，公寓是很好的选择：齐全的家具、方便的服务、简单的装修，令人感到舒适，面积又不是太大。1928年，《中国建筑师和建筑商汇编》写道："过去一年中，建筑发展的一个特点就是建成了大量美国式的现代公寓大楼，而且很多还在建造过程中。而在过去，人们倾向于在上海外围道路旁建造私人住宅，这些住宅的不安全性推动了租界内集中住宅的发展，因为这里的安全更能得到保障。近年来，建筑师和建筑商的另一兴趣点就是中国人和外国人对各方面舒适度的要求越来越高。给房屋和独立公寓装上最新的暖气、卫生和烹饪设备已经成为一条行规。十年前的现代住宅都被拆除了，为配有英国或美国便利设备的大楼让路开道。"[19]1931年出版的一本建筑刊物对上海的公寓住宅评论道："从经济上说，公寓是很成功的……没有其他房地产股票像公寓股票那么坚挺……因为它的投资回报率很吸引人，超过了市场利率。"[20]"人们不再被偏好和技术限制在一层或两层高度的住宅上，建筑师和房地产公司开始更有进取性地在上海推销公寓住宅。"1926年上海普益地产公司则预言"上海似乎必将成为一个公寓住户（包括外国人和中国人）的城市"。[21]甚至当时有人说："上海的外国居民都住在公寓里。"[22]

从以上的种种分析可知，业广公司投资兴建百老汇大厦是一件经过深思熟虑后的精确计算。百老汇大厦选址本身就是业广公司很早就购进的地块，再加上位于级差地租较低的虹口，成本更低。同时，百老汇大厦面临苏州河，层高可以不受限制，便于利用新的建筑技术发展成摩天大楼，以获取高额利润。第三，将百老汇大厦定位于高层公寓，符合当时的消费趋势，预计可以迅速收回成本。何况业广公司有银行业的的支持，向来就擅长利用金融杠杆，其实并不需要付出太多投资，更不要说百老汇大厦所占的地利因素和舆论效应了。因此，投

《上海市行号图录》中的百老汇路与百老汇大厦

资百老汇大厦，无论从哪方面来看都应该是一件合算的买卖。根据"业广"自己的预测，他们可以在10年内收回全部投资。

同时，业广公司并不只是将百老汇大厦作为一个单一的工程来实施，而是将其看成是业广在虹口的整个庞大系统开发计划的一部分。根据业广公司的规划，要在周边配套形成一个有950家商店和房屋，一个私人市场以及浴室、电影院、仓库和五个自流水井的大社区。这个计划是与当时的上海特别市和上海工部局合作进行的。[23]

百老汇大厦从开始动工就已经吸引了当时各大中外媒体的注意。1931年4月5日，《大公报》便以《上海崇楼大厦，十九层的大楼在兴工建筑中》为题做了专门的报道："在百老汇路、苏州河转角处，不久预备建筑一所十九层的大楼……据说预备定名百老汇大厦。最下两层专门租给商店，第三层做写字间俱乐部，其余都作寓所，大大小小，随地势而分别。最大的有七间屋子，一个较大的家庭尽够用了。另外还有单间的寓所，那是留备独身的男女租赁。因为现在的上海，如果你要单赁一所住宅，费用较大。业广公司的计划，是仿照各国的公共寓所办法而设置，将来落成以后，一共有99个单人寓所，其余是大小不等的套间。所有冷藏机、热气管都由一个总机关分布出来。单人寓所里的床铺白天可以嵌入墙壁里面，衣橱、大镜也都是如此。那么虽然租一间房间，白天也很宽敞，同时在楼上可以饱览黄浦江中的风景、实在比住旅馆合算得多。"[24]一周之后，《大公报》又继续报道："这项建筑下层预备租给商店营业，第二层预备开设精美的食堂，屋顶上呢当然是设置花园。在上边凭栏四望，不但黄浦江的风景一览无遗，就是上海的全市也都收罗眼底了。其余各层，按照他们的设计，预备辟作大大小小的住宅，最简单的是单人的寓宅，专租给未结婚的男女们居住。据业主英商业广公司中人称，屋里的一切家具无不齐备，至于衣橱床榻都可以嵌入墙壁，白天竖起来，是一幅图画或壁镜，晚上拉下来便是卧榻。这种设备可以一屋两用，便是晚上做安息之所，白昼像会客的地方。大些的两间，以至七八间的都有。较大的附带浴室，单间的另外有公共的浴所。上下有电梯，并且由公司雇用公用仆役住在里面。图样曾在大美晚报上见到，一共有二十一层之高。它的格式是四面建筑七层，凸出的楼上面是平顶，中间比较缩进去些，直矗云端。建筑的方式采取欧美最新的型式，完全表现出据他们的计划立体的美。着地的一层预备作铺面、饭店、舞场以及游泳池，其余设置最新式的寓所，分成单间、双间、三间、四间几种，省的人家按房子买家具。最上层布置成花园格式，预备寓客纳凉散步之用。据他们预算，这一座大楼的建筑费，

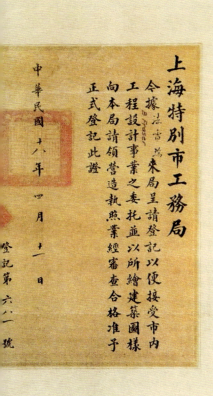

上海特别市工务局颁发
给法雷瑞的营造执照
（上海大厦提供）

需要二百五十万两。古词有'又恐琼楼玉宇、高处不胜寒'
之句，如果在夏夜到那屋顶上去，简直大有飘乎欲仙的
意味。"[25]而且作为配套设施，大厦还建有四层裙房，其
中最下面两层是车库，上面两层则是仆人宿舍，带有厨房、
淋浴室和卫生间。[26]

　　关于百老汇大厦的设计者的署名则比较复杂。新闻
界第一次发布设计方案，提到的是"大厦设计师法雷
瑞"。[27]而1933年8月31日的《大陆报》则报道中说："大

厦由公和洋行负责设计师，业主是业广公司。"[28] 相对较为精确的说法，应该是由公和洋行负责，业广当时的首席建筑师法雷瑞是作为派往公和洋行的设计监理，负责整个大厦的设计工作。可以这么说，大厦的最初设计稿是由法雷瑞完成的，之后设计稿有所修正，这个修正是由法雷瑞和公和洋行一起完成的，一直负责对大厦整体设计把控工作的始终是法雷瑞。

法雷瑞（Bright Fraser, 1894—1974），1894年7月25日出生于英国利物浦，少年时喜欢美术和设计，曾就读于伦敦的"第一建筑师工作室"。1914年第一次世界大战爆发，年仅20岁的法雷瑞参加了协约国组织的艺术家步枪兵团，被派往法国前线作战。1917年被敌军俘虏。战后被释放。1920年在伦敦皇家学院学习建筑，1921年赢得建筑业比赛的维多利亚奖学金和金奖（与另一位参赛者分享一等奖）。毕业后在利物浦的Prescott & Davies建筑事务所实习。1922年成为ARIBA（英国皇家建筑师学会副会员）。次年来到上海，进入通和洋行工作。1926年进入业广，成为当时公司的4位建筑师之一，另外3位为John Mossop、P. M. Peebles和N. L. Sparkes。1929年获上海市工务局颁发的建筑师资格，1930年成为FRIBA（英国皇家建筑师学会正会员）。他在业广设计的项目有景林公寓（今乍浦路254弄）、虹口大旅社（今海宁路449号）、中央信托有限公司（今北京东路270号）以及他自己居住的虹桥路175号寓所。

在设计百老汇大厦之前，法雷瑞并不为大众所知，《申报》上对于他的译名也有法雷瑞和傅锐伯[29]两种，其实上海市工务局布告上的名字即为"法雷瑞"[30]，可见"法雷瑞"应该是他正式的中文名。不过他在建筑师界却已经获得了认可，早在1930年，他便是上海地产估价师和测绘师协会的荣誉秘书。[31] 法雷瑞喜欢画画，他的风景画在当时也颇受认可，在1931年的一次艺术展中，他的一幅水彩画参加了展览，而他提交的另一个作品便是百老

百老汇大厦第一次设计的彩色效果图（上海大厦提供）

百老汇大厦第一次设计的建筑图纸（上海大厦提供）

汇大厦的石膏模型。[32] 真正让他声名鹊起的还是百老汇大厦，1932 年，他更成为上海艺术总会的轮值主席。[33]

　　抗战全面爆发之后的 1938 年，法雷瑞离开了中国前往南非，同年在南非注册建筑师。1939 年，他成为伦敦 Louis Blane 事务所在开普敦的长驻建筑师。1942 年，他任开普敦大学的不动产经理。1967 年，他荣获南非学院建筑系的终生教授。1974 年，他在南非去世。

至于公和洋行更是知名。公和洋行又名巴马丹拿集团（Palmer & Turner Architects and Surveyors），于 1868 年在香港成立，是香港最早设立的建筑设计事务所。1912 年进入上海开设事务所，并且开始使用公和洋行这个中文名称。公和洋行来到上海所接的第一个设计任务是有利银行大楼，也就是现在的外滩 3 号，这是上海第一座钢框架结构的建筑。紧接着 1923 年，又建成另一个里程碑式的建筑——汇丰银行大楼。1929 年，建成沙逊大厦，这是上海第一座 10 层以上的建筑，也是第一座典型的 Art Deco（装饰艺术）风格的建筑，公和行由此成为了 20 世纪二三十年代上海最为成功的设计事务所。

可以说，百老汇大厦的基本风格是公和洋行的一贯典型，但同时，百老汇大厦也有其特色，而这些特色在很大程度上应该归功于法雷瑞。

这座大厦最令人津津乐道的地方便是其蝶状，或者说是 ">-<" 状的外形，这使得大楼像触角一样向四面伸展开始，由此巧妙地解决了房间的朝向和采光问题，又可以提高建筑容积率。当时报道便称："这座建筑也许最独特的特征，就是几乎所有的房间都可以朝南，这种设计在上海的建筑工程中几乎是全新的。除了让大部分房间朝南外，这样设计还让每层楼都享受尽可能多的阳光，让每个住户都有机会享受黄浦江畔的微风吹拂的美好感受。"[34] 同时还有人认为，这是故意模仿中国汉字"八"的形象，有吉祥如意的用意在。

"蝶状"的平面设计也有利于实现建筑的金字塔形结构，这也是很多人喜欢这种大厦设计的原因。设计师从两侧的 11 层起逐级收缩，这是 Art Deco 常用的手法，这种层层内收的做法形成了阶梯式的建筑外观，而且建筑又大量使用竖线条，使整幢楼的轮廓线十分丰富，给人一种节奏韵律感，并给人雄伟挺拔、高耸入云的感觉。即

水泥基础

（上海大厦提供）

木质桩基

（上海大厦提供）

使是大厦窗户的安排和结构也同样如此，窗户基本呈横向排列，但中间部位的窗户则变得更窄、更高，连续的竖框线条形成垂直的构图，强化了高耸感。而呈三角形的庄重体态以及均衡的双翼式外观，正方及长方形的几何块面造型，赋予了建筑简洁而不失高雅，内敛稳重的气质。

在立面上，大厦有着典型 Art Deco 的特色，彻底摒弃了欧洲文艺复兴时期建筑繁复的装饰线脚，仅在各檐部、女儿墙处饰以艺术装饰派的带形花边图案，整体装饰简洁，以形体本身达到建筑艺术效果。外墙底层用暗红色高级花岗石贴面，底层以上均用咖啡色泰山砖贴面，色调和谐统一。

大厦还将其地形优势进行充分发挥，当时，上海的大部分新建筑都没有带屋顶的阳台，但是这幢大厦的设计者为了充分发挥其面对黄浦江、苏州河的景观优势，每层公寓都会设计一个带屋顶的阳台，这样还会使客人夏天感到凉快，冬天感受到阳光的温暖。而屋顶则计划发展成一个舒服的屋顶花园，用整齐的砖石铺地，种上植物。法雷瑞曾向记者重点介绍，"百老汇大厦会尝试将一些郊外住宅的宜人优点引入到公寓中，增加大量的露台和花园"，由此来"更新传统高楼大厦的理念"，努力让客人"感到和谐和愉悦"。

业广公司对百老汇大厦这个公司历史上最大的计划信心百倍，1931年年底，法雷瑞在一次记者招待会上宣布了一个重大消息，这幢巨大的公寓摩天楼——百老汇大厦将由19层改为22层。尽管法雷瑞当时没有披露准确的高度，但是记者们都相信百老汇大厦将会比邬达克设计的四行储蓄会联合大楼（即国际饭店）高出几英尺。业广公司显然有充分的信心去赢得上海乃至整个亚洲最高建筑头衔的比赛，而且这样的竞赛不仅会引起业界的兴趣，更受到了来自传媒和全社会的关注。

一切准备就绪，到10月份，大厦的打桩工程开始。打桩工程是由著名的丹麦康益洋行负责，主管康立特（Mr. A. Corrit）亲自出马。他曾为上海大部分的大楼打桩。基桩长达120英尺，由两部分组成，其上下两部分通过一个特殊制造的钢环接头稳固联接在一起。这项打桩工程预计在1932年4月份完工。[35]尽管1932年初"一·二八事变"爆发，战争给百老汇大厦的前途蒙上了一层阴影，但是在这年4月的业广公司股东大会上，公司仍然充分信心地宣布百老汇大厦的工程顺利进行，而配套的虹口港工程也取得了重大进展。[36]很多人都开始展望，要在1933年的秋冬之间来到上海看看这座矗立云霄的大建筑。[37]然而就在1932年的下半年，百老汇大厦的建设突然之间停止了。

这次的停工背后的具体原因尚不知晓，但最大的可能不外乎两种，一是资金，一是技术。转年的1933年2月，《大陆报》报道，百老汇大厦的建筑工程之前突然中止，据称将在不久后重启。消息来源称，原定建设计划已经调整，以使之符合建筑条件。[38]5月，业广公司在股东大会上正式宣布："之前百老汇大厦的进程暂时中止，是因为经过非常审慎的考虑以及听取了专业建议之后，我们

上海大厦
BROADWAY MANSIONS

百老汇大厦建第一层钢架时的场景

（上海大厦提供）

建造时的工程师与工人，轻质

工字型铝钢立柱基础清晰可见

（上海大厦提供）

决定将原来的混凝土结构更改成全钢结构。这个更动当然是出于要加快时间的考虑，但同时我们也认为，建造一个钢结构的大厦更符合公司的利益，同时也更适合满足未来住宿的需求。工程现在已经开始启动，我们不希望再有什么耽搁了。"[39] 此后，确实如公司希望的那样，建设进程再也没有出现耽搁。1933 年 12 月 16 日，据当时的《大陆报》报道，大厦的结构工程已经开始，钢结构工程已经完成了大概五六层。[40] 到了来年的 1934 年 1 月 11 日，大厦差不多已经建造到 14 层左右了。[41] 这个结构的更动，有着充分的钢结构建筑经验的公和洋行显然起到了主导作用。《大陆报》便称，公和洋行此次百老汇大厦的设计代表了上海建筑的新潮流。[42]

建筑史家一致认为，当时百老汇大厦在钢结构方面有很多创新，首先是主体钢框架结构选用了进口新型轻钢作为钢结构主材，其自重较小，比普通钢结构轻 1/3，从而提高了结构效率。这种新型钢骨就是道门朗公司当时出品的新型高拉力钢材"抗力迈大钢"（Chromador Steel，即铬锰钢）。该种钢材每平方英寸张力自 37 吨至 43 吨，较普通软钢张力大 50%，锈化抵抗力大约是普通软钢的两倍，因此可以减少建筑的用钢量，从而降低材料、运费、关税等相关费用，经上海工部局工程处许可。抗力迈大钢在百老汇大厦的使用，是为远东采用的第一声。当时的《申报》对这种钢材有详细的报道：

新出世之"抗力迈大"钢是一种新发明的合钢，有迥异寻常的抗力，自从欧洲制造了一种钢，成本比通常用的钢高出无多，而抗力却增加甚大，在钢的建筑方面，实际上已开出了一个新时代——合钢时代。抗力增加，意即言同一重量，可用较少之钢负载之。所以此种新出的钢，即表明将来钢建筑的成本可以大大地减低。在不列颠，大量制造抗力强大的钢的第一个实例，要算道门钢厂 Dorman Long

大厦在节节上升

（上海大厦提供）

大厦基础结构轮廓已经出现，右为礼查饭店

（上海大厦提供）

Co. 所造的二万七千吨的硅钢 Silican Steel，专供雪梨港桥梁之用。从此以后，道门厂锐意研究……该厂现有此种新钢陈列市场，名曰"抗力迈大"钢（Chromador Steel）。"抗力迈大"钢虽今年才出而问世，但不旋踵间，已引起各方面之认识。业经伦敦之 L.C.C 核准，用以建筑 Regents Palace Hotel 的扩充部分，其构架计共六千吨，将完全采用"抗力迈大"钢。在远东，其第一次显身建筑界，将在百老汇大厦，盖即英商业广地产有限公司行将筑造之二十层大厦是也。在此大厦中，惟支柱采用"抗力迈大"钢，全部重量预计为九百九十七吨。倘用普通钢，须一千五百四十四吨，节省之重量为百分之三十五又半。就构架全体而言，节省之重量为百分之二十二，至成本上之经济，亦复相若……据试验结果，"抗力迈大"钢部分，比相当的软钢部分，抗力高出百分之五十以上，若论短柱，抗力较高至百分之七十四。制造厂根据上项试验，声称通常工作抗力，因采用"抗力迈大"钢而增高百分之五十，乃信而有征。[43]

除了用新的钢材料之外，建筑学家根据当时的施工现场照片和图纸，认为其整体施工和钢框架结构的构造做法还有如下特点。

首先，建筑使用了钢筋混凝土满堂地下室，并铺设了御水牛毛毡作为地下室防水屏，由于地基结构处理尚好，采用机器设备打桩，经过近一个世纪，沉降尚不显著。在钢框架结构方面，钢柱选用了工字型钢，并分段处理，每一层作为一段，两段钢柱之间的衔接口位置高于楼面（接近窗台高度），以错开柱、梁交接部位，利于结构整体性。上下两段工字型钢柱端头有封口处理，并于衔接部位用两片钢板分别从两侧夹住，再用螺栓、铆钉等固定。底层的工字型铜柱之柱基部分另设两片梯形钢板，并以螺

上海大厦
BROADWAY MANSIONS

该广告刊登1934.6.

1934 年 6 月《建筑月刊》百老汇大厦新仁记广告

（上海大厦提供）

拴、铆钉等固定，使柱基如虎爪状展开，成为角撑（Gusset），以便衔接铜柱与基础钢构件，此做法俗称"草鞋底"，上海汇丰银行、广州的爱群大厦也有同类做法。[44]

百老汇大厦的设计虽然由外国建筑师主导，但是真正将设计图付诸实施，变成现实的还是中国人，很多优秀的中国建筑厂商、中国建筑工人为之付出了努力，归根结底，这是值得中国建筑业骄傲的成果。

近代以后，中国传统的建筑施工组织——水木作已很难有承担建造各类新式建筑的能力，但是中国近代的工程建筑业却随着上海房地产业的发展日益成熟起来，由中国人自己创办的近代工程施工组织——营造厂纷纷建立。这些营造厂按照西方建筑公司的组织管理办法，采取包工不包料或包工包料的形式，接受业主工程承发包，内部只设管理人员，劳动力临时在社会上招募。1919年，上海登记在册的营造厂中规模较大的有60多家。负责百老汇大厦建造的便是当时最大的营造厂——新仁记。新仁记的发展，其实就是中国民族建筑业白手起家、苦心经营、不断学习、发展壮大的一个见证。

新仁记的创办者是著名的建筑企业家何绍庭（1875—1953），奉化江口人。他幼年丧父，早年和兄长何绍裕随母亲讨饭度日。15岁时，族叔何祖安怜其困苦，将他们兄弟带到上海，先在何祖记木作当学徒。不久，何祖安发现何绍庭天资聪颖，便将他推荐到石仁记营造厂。"石仁记"是清末上海较有影响的宁波帮营造厂之一，曾与上海近代建筑业的创始人杨斯盛合作重修鲁班殿。在那里，何绍庭随老板石仁孝学艺，获益匪浅。他还刻苦自学文化，经常在路灯下读到深夜。他佐助石仁孝经营业务，1901年石仁孝去世，临终前将营造厂传给了何绍庭。

何绍庭经营数年，市面越做越大。1910年，石仁记营造厂更名为新仁记营造厂。同年何绍庭还收奉化江口小老乡竺泉通为徒，悉心传授建筑技艺。竺泉通进步很快，成为何的得力助手。1922年，新仁记营造厂由独资改为股份合伙，何绍庭任总经理，竺泉通做经理，两人负责承接工程，组织施工；何绍裕任协理，掌管财务。改组后的新仁记厂址设在威海卫路（今威海路）450号，事务所设在江西路（今江西中路）170号，在澳门路设有自用堆栈、库房，有较齐全的建筑设备。新仁记下设有4个分号联营厂：新仁记承号、新仁记通号、新仁记仁号、新仁记盈号。这种有分有合的管理经营方式很快在市场的竞争中占了优势。新仁记尤以建造高层建筑闻名，成为沪上营造业的佼佼者。

新仁记营造厂能在竞争激烈的上海建筑业中占据一席之地，与何绍庭讲求施工质量、管理上一丝不苟是分不开的。他在订立分包合同时，将视工程质量优劣而施行奖罚的条款列入合同中，施工严密监管，严格管理。专业分包队伍都须经过招标挑选，并要有保人作保，才能予以承包。在建材的选择采购上，全由专门的职工负责费用，这样建材的质量和价格都能得到控制。何绍庭的分配制度也颇有特色，他将营造厂的盈利分成7股，其中1股是公益金，用于伤亡人员或公益事业；3股是职工的花红，每三年分一次；年终每个职工多发两个月工资，每个老职工都有一本折子，可向账房预支工资，并凭此可去老介福、老九章等店里购物。何绍庭还非常善于用人，他对一批有能力、懂英文、能写会算的职工委以重任。

何绍庭还勇于扩大经营范围，在建筑营造业积累了一定资金后，还开办了泰来地产公司，经营房地产业务，使企业的经济实力迅速增强。他所置的房地产主要在八仙桥一带，还有德隆村、新隆坊、新隆村等里弄。何绍庭资金雄厚，与多家银行、钱庄建立了业务往来，信誉很好，他本人还兼任浙东银行、建昌钱庄董事，反过来又促成了营造业主业的发展。当年营造沙逊大厦这个超大项目时，英国业主沙逊资金一度周转不过来，何绍庭便以自己八仙桥的地产作抵押，所获64万两银子投到工程中。由此，新仁记的实力震动上海。[45]

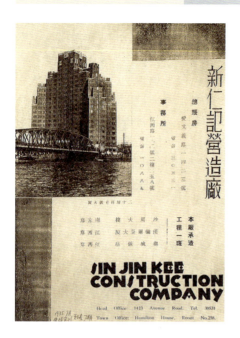

1935 年 7 月建筑月刊百老汇大厦新仁记广告

（上海大厦提供）

而在具体实施方面，竺泉通贡献良多。竺泉通（1896—1972），他少年时进入新仁记营造厂，拜何绍庭为先生，白天学习建筑技术，晚上到四川路青年会补习英文、建筑设计、绘图、估算。22 岁以后，已能独立从事施工组织、管理、估价预算、建筑设计等业务，又说得一口流利的英语，在同行中崭露头角。竺泉通在先施公司后部和宁波同乡会、胶州路自来水池、四川路桥等大工程中成为何绍庭的得力助手。1922 年，竺泉通独立主持福州路花旗总会 9 层大楼工程（今上海市中级人民法院大楼），其后成为新仁记营造厂股东并担任经理一职，具体主持工作新仁记，在二三十年代承建了上海许多重要建筑，尤以建造高层建筑闻名，承造项目有沙逊大厦、都城饭店、汉弥尔顿大厦、百老汇大厦等，竺泉通也以此蜚声营造界。他平时十分注意学习建筑技术，尤其注意研究西方最新建筑技术，如混凝土框架结构、大直径长桩满堂基础、轻质充气混凝土砌块的使用等，在上海建筑界中处于领先地位。此外，他还根据高层建筑施工需要，利用电梯井安装卷扬机和活动平台起重机，创造性地形成新的垂直运输系统。[46]

以新仁记为代表，在 20 世纪二三十年代上海房地产业的兴盛时期，逐渐形成了一支训练有素、手艺高超的建筑工人队伍。据统计，当时全上海的建筑工人达 20 万人，在长期艰苦的劳动中，他们积累了丰富的施工经验，表现了高度的智慧。上海早期营造作施工主要靠人力，基础施工时工人常常搭建脚手架，工人站在高处夯打以增加夯力。上海的许多高楼大厦都是钢框架结构，在当时没有大型起重设备的条件下，成百成千吨的钢框架是怎样竖立起来的？今天人们认为不可思议的奇迹，早在六七十年前建筑工人就创造了。工人用简易的起重设备把钢柱一层层竖起，每竖一根钢柱，工人爬在柱的上端接过下面工人甩向上空的烧红铆钉，将钢柱钢梁安装就位。许多高楼大厦形体复杂多变，这些极为复杂的施工经过建筑工人灵巧的手，成为一幢幢近代上海标志性的建筑。近代上海的许多建筑施工十分精致，石库门大门的门额上砌筑山花、人兽等图案，高楼大厦铺镶的大理石、花岗石和建筑立面上配置的砖雕石刻，如果分开单独欣赏，都是一件件精致的工艺品，从整体看，又都是艺术水平较高的建筑，这在百老汇大厦的立面雕刻中也可见一斑。[47]

2020 年，有人将南卡罗莱纳大学影像库保存的百老汇大厦建造时的影像片段经过整理发布在互联网上，这段珍贵的影像让我们可以看到当年大厦建设过程中，建筑工人辛勤工作的情况，画面中他们没有任何的保护措施，乘着如今看来简易又危险的吊装设备摇摇晃晃地往上爬升，在高高的脚手架上穿行，甚至吃饭，让观看影像的人为他们的安全捏一把汗。而事实上，建筑事故也时有发生。1934 年 8 月 15 日就发生了一起事故。据《大陆报》

上海大厦
BROADWAY MANSIONS

百老汇大厦（金石声摄）

报道，晚上 7 点，有三名工人站在吊车吊装的木板上在进行大厦落成前的最后工作——清洗外墙，结果他们站立的木板发生滑落，三名工人从 10 楼坠下，其中两名工人受了点轻伤，而另一位名叫王小弟（Wang Siao-dee，音译）的工人因坠落时撞到了一根钢筋上，伤势严重，立即被送往同仁医院，情况危殆。[48] 由此可见，百老汇大厦的建造凝聚了无数中国建筑工人付出的辛勤血汗。

除了建筑施工外，百老汇大厦还使用了大量中国人自己制造的建筑材料，其中著名的就是外层覆盖的泰山面砖。泰山面砖是著名建材企业家黄首民研制的。黄首民（1890—1976）于 1922 年筹集资金在上海创办泰山砖瓦公司，自任经理，生产"泰山"牌机制青、红砖等建筑材料。1926 年根据进口紫色皱纹陶瓷面砖，研制出薄型陶瓷面砖即泰山面砖，其色彩、性能均优于进口面砖，获国民政府专利。[49] 而对当时上海高层建筑的推进有着重要意义的非承重空心砖，最早只能由义品砖瓦厂生产，1931 年上海大中砖瓦厂聘请比利时工程师山尔蒙，开发中国人自己的非承重空心砖，历时六个月，终获成功，百老汇大厦便使用了这一空心砖。[50] 由此可见，百老汇大厦的建造其实是当时中国民族建筑工业的一次全面展示，也是中国民族建筑工业的重要成就。

20世纪30年代百老汇大厦内景

至今保留的百老汇路1号门牌

20世纪30年代大厦正门

20世纪30年代大厦前台接待处

20世纪30年代大厦大堂一角

20 世纪 30 年代大厦大堂旁边底楼休息室

20 世纪 30 年代大厦大堂休息室

20 世纪 30 年代大厦餐厅

20 世纪 30 年代大厦厨房一角

20 世纪 30 年代大厦单人房一角

20 世纪 30 年代大厦
13–15 层套房的客厅

20 世纪 30 年代大厦套房
卧室

20 世纪 30 年代大厦双人房一角

20 世纪 30 年代双人房中的嵌入
式家具

值得一提的是，随着百老汇大厦在建设过程层层加高，逐渐壮观起来，在整个外滩两岸显得鹤立鸡群，越来越吸引时人的眼球，再加上当时艺术家对钢铁、混凝土等新技术、新材料的敏感和关注，使得它成为很多艺术家创作的对象。著名的摄影师金石声开始将镜头对准了正在建设中的百老汇大厦，他在一幅著名的照片中使用了倾斜的仰视构图，尽可能夸张地将建筑置于一个虚构出的框架之中，画面中多个并列的元素并置在一起，铁桥的钢制框架、未完成的建筑结构、倾斜的塔吊以及运动着的建筑材料，还有横穿画面的电线，给人以强烈的视觉冲击，"现代性""工业化"等概念在这幅照片中得到凸显，而这也是当时百老汇大厦给人最直观的感受。[51]

1935 年春天，百老汇大厦终于落成。新建的这幢大厦高 22 层，建成时，其地下室是锅炉间，1 楼是服务部、餐厅、理发厅等。2—14 层为客房，其中 2—9 层是四翼，有大公寓式房间各 4 套，客房 12 套；10—14 层，每层有客房 15 套；15—16 层，每层 16 套；17 层为餐厅、厨房；18 层有特别套房及大阳台，特别套房布置成中、英、美、法、日、阿拉伯等国家和地区风格，还有宽敞平坦的凉台；19 层以上为设备间，有电梯机房和水箱间。位于 17 楼的大餐厅四面有窗，宾客用餐时，能欣赏全市的风光，这是当年上海最高的餐厅。在大厦后部还有当时上海独一无二的 4 层楼高的停车房，里面筑有盘旋上下的车道，可以直达 50 米左右的最高处，上下都可停车，能停 163 多辆车，是当年远东最大的汽车库。大厦高层部分共 6 部电榜，其中 5 部接梯，分设于两翼及中部，卫生间还有管道井。其内部设计完全是西式风格，生活设施一应俱全，有暖气设备、标准卫生设备等，房间布局精致而华贵，具备当时欧美高级公寓的一切特点。其规格比毕卡第公寓（今衡山宾馆）、华懋公寓（今锦江饭店北楼）、淮海公寓（今淮海大楼）还高。人们甚至说这是"迄今为止现代创造所能够实现的最诱人的便利设备和舒适设施"。[52]

大厦大堂内的钢琴（上海大厦提供）

大厦内的台球桌

（上海大厦提供）

OTIS 电梯

（上海大厦提供）

至今保留的西门口的火警铃、西门右侧的寒暑表、消防泵以及英商上海自来水用具有限公司铜标牌（上海大厦提供）

著名的百老汇大厦三宝便于此时开始入驻大厦。第一件"宝"，是大堂东侧静立着的一架 M.F.Rachals（罗切尔，又译罗修）钢琴。M.F.Rachals 钢琴厂于 1832 年创办于德国汉堡，很多钢琴家如李斯特都弹奏这一品牌的钢琴。而这一架三角钢琴是 1932 年大厦委托这家知名钢琴厂定制，从德国海运到上海的，编号 36049，从大厦开始建造时期，就一直陪着大厦一同走过了半个多世纪。在这架历史悠久的钢琴的琴键上，留下了无数国家元首人及夫人或是名人的手印。虽然年事已高的它已弹奏不出当年那动人心弦的旋律，但它的外貌被大厦保持得依旧如新。

　　第二件"宝"，是英国吧里那张老式英式斯诺克台球桌。它也与大厦同龄，1934 年英国出产。它的造型和尺寸比现代的斯诺克球桌要小一圈，连它的台球也比现在的要小，而且球的质感明显圆滑而精细，这就是当时台球桌标准尺寸。台岸上的标牌是象牙做的，充分说明了当时拥有这样一台斯诺克台球桌是多么时髦。英式台球也是个贵族运动项目，当时大厦主要接待对象是英、美洋行的老板、新闻头目等，他们经常设立俱乐部开展活动，这块经典的老式记分牌记录下了当年他们的完美比分。这张台球桌至今仍十分受到饭店宾客的欢迎，住客们小酌一杯美酒，挥动着球杆，充分享受老饭店的悠闲时光。

　　最后一"宝"，是堪称近代"元老级"文物的老式手摇 OTIS 电梯。这部电梯及运载设备从 1934 年开始启运以来至今，虽经历多次修理，但保养得非常完好，是整个上海历史最悠久的电梯。多年以后 OTIS 电梯公司创始人的孙子参观上海大厦时，对这部电梯赞叹不已。

　　当年苏州河北岸的四周大都为低矮建筑，从黄浦江和苏州河的任何一个方向朝大厦望去，很远就可以看到它古铜色调的独特而凝重的雄姿，在外滩的建筑群中有一种"坐断东南"的气势。而如果你站在外滩公园看过去，大厦掩映在外白渡桥之后，景观富有层次，可谓美不胜收。高耸入云的大厦吸引了很多人过来观看，数着有多少层。

很多人都记得这样一个笑话，当年往往站在大楼下还未数清它有几层，帽子就掉下来了。

为满足当时在上海的各国人士的需求，大厦套房分别设计为中、英、美、法、日等多国风格，租住者有各国驻上海领事馆人员和外商企事业的海外总部。不久，上海的很多中上层人士便开始陆续入住大厦，当时纽约时报驻中国办事处的负责人阿班于 1935 年将办公室搬进了这里的 16 楼，他自己的住所则在隔壁，大厦高居于上海喧闹的街道之上，几可鸟瞰到整个上海市区。在这里与阿班为伴的，有大美晚报、字林西报的高级编辑、记者，也有汇丰银行、恰和洋行、英美烟草公司的高级雇员等，清一色都是上海滩的中上层人士。外人走过，无不投去艳羡的目光。[53]1936 年，欧亚航空公司中德航线首航成功，所有的机师也都入驻百老汇大厦。无数悲欢离合，惊心动魄的故事也开始在这里一一上演。

1935 年 5 月 1 日，在一年一度的业广股东大会上，公司总经理向外界宣布，百老汇大厦已经基本完成，而且售出的公寓数量已经相当可观。大厦已经提前准备就绪，将向租客提供精致的房间和精美的饮食，定价也是极具吸引力的。到了 1936 年的 4 月，公司更宣布，上年毛利将增长 34458 两，这样的增长主要归结于百老汇大厦和在这期间合并的贷款和地产。得益于百老汇大厦的建造，地产的账面价值增至加到了总额 775402.10 两。公司更兴奋地表示，百老汇基本上已经全部出租，由于大厦的保养和管理成本之后不会再有明显的增长，所以大厦将会带来大量的收入。[56]1937 年 5 月，董事局主席 H.E.Arnhold 宣布："一年以来已经证明，百老汇大厦极受欢迎，住宿需求高涨，无论是出租部分还是宾馆部分都已经几乎满员。"[57] 可以说，这个时候，无论是业广公司还是百老汇大厦，前景看似一片光明。如果没有时局的变化，这应该是业广公司史上最为成功的投资了，然而在那时，又有谁能预料到，不久之后，历史的洪流正

上海大厦
BROADWAY MANSIONS

迅速地奔涌前来，不可阻挡。

三、Art Deco 风格与百老汇大厦

众所周知，百老汇大厦是上海建筑中 Art Deco（装饰艺术）风格的典型代表，而 Art Deco 风格的建筑又是 20 世纪 30 年代上海建筑业黄金时代的典型风格。同济大学副教授许乙弘曾经做过统计，目前上海仍然保存有近代 Art Deco 建筑 165 处。[58] 如果单纯地看，这一数字占目前上海市政府部门公布的 398 处优秀近代保护建筑的 41.5%，是所有风格中数量最多的一种，而且这 398 处中有 165 处属于小型住宅，而许乙弘收录统计的 Art Deco 风格的建筑多为公共建筑，住宅仅个别数例。由此可见，Art Deco 建筑可以称得上是上海优秀近代保护建筑的主流风格。到今天，Art Deco 建筑已代表着"大上海 1930 年代"这一特定时代概念的城市风貌，代表着一笔可观的历史文化遗产。

美国人 B. 希利尔（Bevis Hillier）被认为是 Art Deco 一词的确立者，他于 1968 年出版的《二三十年代的装饰艺术派》（Art Deco of the 20s and 30s）是第一本研究 Art Deco 的著作。根据现在建筑史学者的研究，Art Deco 风格始于 1925 年巴黎国际现代化工业装饰艺术博览会（Exposition Internationale des Art Décoratifs et Industriels Modernes）的举办，而 Art Deco 就是源于法语中 Art Décoratifs 一词。当时在法国，装饰艺术主要体现在其迅速发展的室内设计，尤其是家具设计中，强调运用多层次的几何线型及图案，重点装饰建筑内外门窗线脚、檐口及建筑腰线、顶角线等部位，大量运用了盆鱼纹、斑马纹、曲折锯齿图形、阶梯图形、粗体与弯曲的曲线放射状图样等来装饰，加上对玻璃、金属等材质的偏爱，给人以豪华、奢侈、梦幻般的感受。

Art Deco 传到美国之后，其几何形的抽象图案加之光

亮表面的装饰与美国人渴望建立的同现实经济工业相匹配的设计风格不谋而合，这种风格便迅速流行起来，并通过折线（Zigzag）与流线（Streamlining）的组合，确立了经典的 Art Deco 装饰形式，最有代表性的便是建筑，其主要特征是建筑外形多为阶梯式块体组合墙面，多作横竖线条处理，细部常用几何图案浮雕装饰。这种风格迅速成为当时美国摩天大楼最主要的艺术处理手段。芝加哥是美国摩天大楼诞生的地方，同样也是 Art Deco 在美国最早的中心，如帕尔莫利夫大厦（Palmolive Building）、芝加哥贸易大厦（Board of Tarde）便是典范，当时被人称之为"严谨的装饰艺术风格"（Cautious Art Deco）。

相比芝加哥，纽约的 Art Deco 风格则代表了时尚摩登的一面，在 20 世纪二三十年代的纽约，Art Deco 在这里达到了顶峰。1926 年的巴克利—维齐大厦（Barclay-Vesey），即纽约电话公司大楼（New York Telephone Company）是纽约最早的 Art Deco 摩天楼建筑，而著名的曼哈顿洛克菲勒中心更是其典型实例。

根据建筑史家的研究，上海租界的建筑风格基本可以分成三个阶段：在 1890 年以前，主要以"殖民地外廊式"为主。苏州河的南岸是当时英租界的所在地，因而建造了大量的"殖民地外廊式"建筑。其中最典型的便是坐落在今天中山东一路 33 号的英国领事馆，这座建筑建于 1872 年，是现今保留的此时期最早的建筑。第二个阶段是 1890—1925 年，以古典复兴式风格为主。古典复兴式在欧美盛行于 18 世纪 60 年代到 19 世纪末，虽然此时古典复兴主义在西方已经进入尾声，但作为一种新生事物引入到上海时，仍然具有较强的生命力。这种风格突出地体现在作为租界的苏州河两岸的建筑上。此时期现存建筑中有 16 处优秀历史建筑，其中有 11 处属古典复兴式风格。[59]

20 世纪二三十年代，是上海 Art Deco 建筑繁荣时期。正统巴黎风格的 Art Deco，自 20 世纪 20 年代早期就直

沙逊大厦（《摄影画报》1933年34期）

接从巴黎或其他欧洲主要城市被引进到了上海。最早可追溯到1923年建成的汇丰银行大堂内的吊灯，尽管这是一座颇为地道的新古典主义建筑，但在建成之时它还是赶上了一次时髦。次年，赉安洋行在设计法国总会时，虽然外观仍采用新古典主义风格，但是大量的室内装饰，如舞厅内的彩色玻璃顶棚、侧面入口的楼梯、人像雕刻等都显示出强烈的Art Deco风格，而此时即使是在巴黎，Art Deco风格也是刚刚兴起的时尚。

　　Art Deco风格在上海建筑外观上得到的反映是从1927年建成的海关大楼开始的，尽管它有着一个非常地道的希腊多立克式门廊而常常被称为"希腊式建筑"，但它顶部层层收进的立方体钟塔所表现出来的体积感和高耸感却明显地流露出装饰艺术派的格调。1929 年，沙逊大厦（Sassoon House，今和平饭店）建成，该大厦由公和洋行设计，总共 11 层，高 77 米，是当时上海最高的建筑。沙逊大厦最引人注目的是 19 米高的墨绿色金字塔状楼顶，这是 Art Deco 风格摩天大楼常见的造型手法。其建筑立面装饰主体是竖向的线条，在楼层的檐部以及基座采用抽象几何装饰母题，入口的装饰则是与之相呼应的沙逊家族猎狗族徽。室内设计也具有典型的 Art Deco 特征。沙逊大厦的建成标志着上海建筑设计风格从复古主义转向了装饰艺术风格，而这个时间与纽约 Art Deco 时代的开始几乎完全同步。

与之前的单向输入与被动接受不同，这一次的 Art Deco 浪潮表现为上海的中外建筑师们主动地学习或摹仿北美城市，如纽约、芝加哥等地流行的建筑时尚，并在他们自己设计创作的全新作品中反映出来，其表现也不在于局部的设计，而在对建筑的整体造型和风格特征的把握上。代表作品除了沙逊大厦之外，还有百老汇大厦、汉弥尔登大厦（Hamilton House，1933 年，今福州大楼）、四行储蓄会大楼（Park Hotel，1934 年，今上海国际饭店）、峻岭寄庐（The Grosvenor House，1934 年，今锦江饭店贵宾楼）、都城饭店（Metropole Hotel，今新城饭店，1934 年）、毕卡第公寓（I.S.S. Picardie Apartments，1936 年，今衡山饭店），以及大光明、国泰电影院等，同时还创造了一批具有中国元素的 Art Deco 建筑，如外滩的中国银行大楼、江西路的聚兴诚银行，博物院路的亚洲文会大楼等。同时还涌现出了以邬达克（Ladislaus Edward Hudec，1893—1958，代表作国际饭店、大光明电影院）、鸿达（C. H. Gonda，代表作国泰大戏院，今国泰电影院）、陆谦受等一系列优秀中外建筑师。据不完全统计，从 1929 年到 1938 年的 10 年间，上海建成的 10 层以上（包括 10 层）高层建筑有 31 座，几乎均为 Art Deco 风格或带有其特征，仅有 2 座例外。

上海大厦
BROADWAY MANSIONS

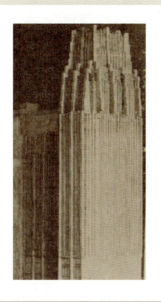

四行储蓄会大楼设计图
（《建筑月刊》1933 年第
3 期）

在 20 世纪 30 年代的上海，之所以 Art Deco 风格的
建筑数量要远高于其他风格流派，个中有很多原因。首先，
1927—1937 年所谓上海"资本主义的黄金时代"，导致
地价、房价飞涨，为城市的扩建发展提供了充裕的资金。
这一巨大的市场需求使许多原来仅在欧美范围流行的建
筑新风格有了被引入上海的可能。其次，作为国际大都
市的上海，来自欧美的建筑师和"海归派"建筑师带来
了世界先进的建筑理论、形式和建筑材料，而西方现代
建筑文化及思想通过报刊杂志、教育交流等方式在国内
广为传播，再加上新技术与材料的大量使用，为上海建
筑业的发展提供了舞台。第三，好莱坞电影及本地传播
媒介对于西方摩登新时尚的引介间接推动了这种风格在
上海的流行。Art Deco 富有强烈装饰特征以及现代化的
形式感，正如李欧梵所言，有助于上海的资产阶级确立
一种"摩登"的概念。[60] 正是这种种原因，使得 Art Deco
建筑一登陆上海滩，便顺理成章地被接受了，并发扬光大，
成为上海滩所特有的一道风景线。

很多建筑史学者对比了上海和西方，特别是美国的

Art Deco 建筑在风格之间的异同，有人认为，上海的 Art Deco 装饰风格虽然由于种种因素很快地被大众所接受，但本质上还只是对一种新型流行风格的跟风与回应，是一种建筑风格的移植，但缺乏传统的审美积淀，所以必定有一种先天不足的特征。

例如很多人都指出，当时纽约的 Art Deco 风格建筑呈现出多样的形式感，充满了大胆的设计，用大量植物、人物、动物乃至于古典题材去丰富建筑的外立面。而在上海，除了沙逊大厦与一些中西融合的 Art Deco 风格建筑外，大多数建筑的表面几乎成为简单装饰的结合体，并且有相当部分形式单一，和纽约同时代的建筑相比显得单调了许多。在室内设计中，纽约 Art Deco 建筑强调色彩与构成形式的大胆丰富的运用，各种材料的巧妙搭配，使得空间演绎既有丰富的时代气息又显得非常精到。而在上海，很多建筑只注重立面形式的模仿，而室内空间相对而言，完成不彻底，显得粗糙和表里不一。[61]

其实，无论是哪种建筑风格，对于近代上海来说都是"舶来品"，各种建筑的思想理论对于近代上海来说，在很大程度上只是可供选择的样式而已。当时建筑选取样式时要考虑的更多的是功利性。往往是以业主的需求取向、摩登时尚意识为转移，其中尤其以业主需求为主要的着力点。所以上海的 Art Deco 虽然较之之前有更多的主观能动性和创新，但必须承认更多的还是形式上的 Art Deco，或者说是风格上的 Art Deco，停留在对摩登时尚的追求的 Art Deco，距离西方 Art Deco 中内蕴的现代主义精神还有一定的差距。

上海当时的建筑师代表邬达克之所以会取得成功，在某种程度上其实就归功于他善于把握当时建筑潮流与客户审美需求。他在设计上海国际饭店时，也直言不讳地承认自己借鉴了纽约的雷迪艾特大厦（American Radiator Building，1924 年）装饰形式的影响。而如法雷瑞这样直接隶属于像业广这样以攫取最大利益为目标的地产公司建筑设计师而言，所受到的束缚当然更多。从今天存留的百老汇大厦多张设计图可知，其设计理念曾发生过多次更动，其背后的原因在很大程度上估计与业主有关。正如 Carl W Condit 所言："（商业设计中）建筑师不是自由代理人，可以通过建筑来表达自身的精神和情感；建筑师必须接受社会的使命，如果他还想在社会中生存。"[62] 有人曾把上海的建筑性格定义成"虚张声势下的精打细算"。[63]Art Deco 风格的运用同样有类似的特征。在大部分上海的业主和建筑师眼中，Art Deco 风格建筑是理想的选择。一方面，使用 Art Deco 风格，大部分是较为简洁的形体块面，用几何形的现代图案代替繁杂的古典装饰，采用简练的几何形体逐层收缩，代替了古典的塔楼，可以最大限度地节约成本，符合少装饰、实用、以功能为主的业主的设计要求。另一方面，Art Deco 建筑又不仅仅是单调乏味的方盒子，重点部位可以用几何装饰体现手工艺时期的精美，更重要的是ArtDeco既是建筑本身，但又是一种装饰风格，可以给人一种时尚感，恰恰符合"虚张声势"的外型特点。这其实就是为什么上海流行Art Deco风格的深层原因，也是上海 Art Deco 的最大特征。

不过，这并不等于上海的 Art Deco 风格没有其意义和价值，更不等于上海的 Art Deco 风格没有创新和艺术性。首先，这一风格在上海的兴起，和西方相比，在时间轴线上基本处于平行的状态，说明在此时期，上海建筑师们的观念已经和国际接轨，为日后中国建筑思想真正的发展和成熟带来了启发和引导。这是一种社会价值观的转变，也代表了上海海纳百川精神的包容性。其次，不能过于武断地认为 Art Deco 在上海的风行，只有形式的选择而没有内在思想的引导，不能称之为真正的进步。不管是在西方还是在上海，不管是主动创新还是学习借鉴，新的建筑形式取代旧的建筑形式，无论如何都是一种进步。将上海的 Art Deco 与美国相提并论，本身就是一种不切实际的苛求，而这种苛求换个角度，其实不妨将其看作对当时上海建筑业的一种整体上的肯定。以百老汇大厦为例，如上文所述，我们可以看到设计师在风格上的一些大胆尝试和创新，更能从中看到本土建筑行业整体水平的提高。上海 Art Deco 建筑在设计上的某些不足，归根结底只是在上海乃至中国近代建筑发展历程中某种反复曲折性的体现。

注 释

1. *The Proposed Land Investment Co., Limited*, The North－China Herald and Supreme Court & Consular Gazette, Dec 7, 1888, pg. 637.

2. *The Shanghai Land Investment Co., Ld:: Report Of Directors Working*, The North－China Herald and Supreme Court & Consular Gazette, Mar 1, 1895, pg. 309

3. *The Shanghai Land Investment Co., Ld*, The North－China Herald and Supreme Court & Consular Gazette, Feb 26, 1897, pg. 347

4. *The Proposed Land Investment Co., Limited*, The North－China Herald and Supreme Court & Consular Gazette, Dec 7, 1888, pg. 637.

5. 同上。

6. 《上海房地产志》编纂委员会编：《上海房地产志》，上海社会科学院出版社 1999 年版，第 145—146 页。

7. 《上海房地产志》编纂委员会编：《上海房地产志》，上海社会科学院出版社 1999 年版，第 148 页。

8. 《上海房地产志》编纂委员会编：《上海房地产志》，上海社会科学院出版社 1999 年版，第 145 页。

9. 李将、钱宗灏：《从外廊式到装饰艺术派：上海业广公司的建筑开展历程》，《2006 年中国近代建筑史国际研讨会论文集》。

10. *Company Meetings*, The China Press, Mar 24, 1931, pg.404.

11. *Towering Apartment Mansions to Rise on Broadway Site in Hongkew*, China Weekly Review, Jun 1, 1931, pg.24.

12. 【澳】丹尼森、广裕仁著，吴真贞译：《中国现代主义：建筑的视角与变革》，电子工业出版社 2012 年版，第 153 页。

13. Kelly&Walsh, *Shanghai Municipal Council Report*, 1930, 转引自【澳】丹尼森、广裕仁著，吴真贞译《中国现代主义：建筑的视角与变革》，电子工业出版社 2012 年版，第 153 页。

14. *Building a New Shanghai*, Far Eastern Review, Jun, 1931, pg.348.

15. 潘君祥，王仰清主编：《上海通史》第 8 卷，上海人民出版社 1999 年版，第 287 页。

16. 参见唐方：《都市建筑控制》，同济大学博士论文，2006 年。

17. 《海关十年报告之五》，徐雪筠等译编《海关十年报告》，上海社会科学院出版社 1985 年版，第 253 页。

18. 【美】霍塞著，越裔译：《出卖上海滩》，上海书店出版社 1999 年版，第 184 页。

19. 转引自【澳】丹尼森、广裕仁著，吴真贞译：《中国现代主义：建筑的视角与变革》，电子工业出版社 2012 年版，第 154 页。

20. 转引自【美】杰夫·柯迪：《民国时期上海的住宅房地产业》，张仲礼编《城市进步、企业发展和中国现代化》，上海人民出版社 1988 年版，第 271-272 页。

21. Kunion II, *The Diamond Jubilee of The International Settlement of Shanghai*, Shanghai, 1938, 转引自【澳】丹尼森、广裕仁著，吴真贞译：《中国现代主义：建筑的视角与变革》，电子工业出版社 2012 年版，第 153 页。

22. TW Brooke and RW Davis, *The China Architect's and Bulider's*

Compendium，North China Daily News and Herald Lted，1935，pg.126.

23. *New 22-Story Residential Hotel On Broadway Road Now Under Construction*，The China Press，Apr.14，1932，pg.11.

24. 《上海崇楼大厦，十九层的大楼在兴工建筑中》，《大公报》1931 年 4 月 5 日第 5 版。

25. 《上海建筑之纽约化，二十二层大楼在兴筑中》，《大公报》1931 年 4 月 11 日第 5 版。

26. *Modern Features Planned For New 19-Story Structure*，The China Press，Mar 27，1931，pg.2.

27. *Broadway Mansions Will Be 22 Stories High*，The China Press，Nov.26，1931，pg.A1。

28. *Construction On Apartment House Started, Foundation Work Is Proceeding On Tall Broadway Mansions*，The China Press，Aug.31，1931pg.A1

29. 《谁为上海最高之屋》，《申报》1931 年 12 月 13 日，第 34 版。

30. 《上海特别市工务局布告第七九号》，《申报》1929 年 5 月 13 日第 5 版。

31. *The Land Valuers Society: Last Year's Work: The Objects of the Institution*，The North - China Herald and Supreme Court & Consular Gazette，June 10，1930，pg.420.

32. *Shanghai's Artistic Talents Acclaimed By Thousands Who Visit Art Club*，The China Press，Nov 16，1931，pg.11.

33. *Officers Renamed By Art Club Here*，The China Press，Mar 25，1932，pg.13.

34. *Foundation Work Is Proceeding On Tall Broadway Mansions*，The China Press，Aug 31，1933，pg.A1.

35. *Broadway Mansions Will Be 22 Stories High*，The China Press，Nov 26，1931，pg.A1.

36. *New 22-Story Residential Hotel On Broadway Road Now Under Construction*，The China Press，Apr 14，1932，pg.11.

37. 《上海建筑之纽约化：二十二层大楼在兴筑中》，《大公报》1931 年 4 月 11 日第 5 版。

38. *Increase In Building Activities Here In Spring*，The China Press，Feb 16，1933，pg.11

39. *Company Meetings*，The China Press，May 17，1933，pg.263

40. *Construction Starts On New Bank Building*，The China Press，Dec 16，1933，pg.13.

41. *Construction Work Progressing On Many New Large Buildings*，The China Press，Nov 11，1934，pg.14.

42. *Construction Starts On New Bank Building*，The China Press，Dec 16，1933，pg.13.

43. 《新出世之"抗力迈大"钢》，《申报》1933 年 6 月 27 日第 28 版。

44. 李海清：《中国建筑现代转型》，东南大学出版社 2004 年版，第 171—172 页。

上海大厦
BROADWAY MANSIONS

45. 娄承浩、薛顺生编著：《上海百年建筑师和营造师》，同济大学出版社 2011 年版，第 172—173 页。

46. 浙江省建筑业志编纂委员会编：《浙江省建筑业志》，方志出版社 2004 年版，第 1039 页。

47. 娄承浩：《近代上海的建筑业和建筑师》，《上海档案》1992 年第 2 期。

48. *Three Masons Fall From Tenth Floor*，The China Press，Aug 16，1934，pg.1.

49. 《上海建筑材料工业志》编纂委员会编：《上海建筑材料工业志》，上海社会科学院出版社 1997 年版，第 339 页。

50. *Dalt Zung Stone Dug Sand For Foundation*，The China Press，Dec 1，1934，pg.B23.

51. 金华编：《陈迹——金石声与现代中国摄影》，同济大学出版社 2017 年版，第 418—423 页。

52. Kunion II，*The Diamond Jubilee of The International Settlement of Shanghai，Shanghai*，1938，转引自【澳】丹尼森、广裕仁著，吴真译：《中国现代主义：建筑的视角与变革》，电子工业出版社 2012 年版，第 160 页。

53. 【美】阿班著，杨植峰译：《一个美国记者眼中的真实民国》，中国画报出版社 2014 年版，第 2 页。

54. 《欧亚巨型机昨飞抵沪》，《申报》1936 年 7 月 20 第 11 版。

55. *S'hai Land Investment Co.，Ltd*，The China Press，May 5，1935，pg.188.

56. *S'hai Land Investment Co.，Ltd: Chairman Foresees Better Estate Market*，The China Press，Apr15，1936，pg.114.

57. *Shanghai Land Investment Co.*，The China Press，May 19，1937，pg.294.

58. 参见许乙弘：《Art Deco 的源与流：中西"摩登"建筑关系研究》，东南大学出版社 2006 年版。

59. 黄妍妮、张健：《苏州河两岸优秀历史建筑研究 2：东段建筑的立面样式演变》，《华中建筑》2007 年第 5 期。

60. 【美】李欧梵著，毛尖译：《上海摩登：一种新都市文化在中国 1930-1945》，北京大学出版社 2001 年版，第 16—17 页。

61. 参见徐贯虹：《怀旧与摩登：装饰意味的上海 Art Deco 建筑》，上海师范大学硕士论文，2010 年。

62. 转引自宋庆：《外滩历史老大楼研究—沙逊大厦的历史特征与再生策略》，同济大学硕士论文，2007 年，第 23 页。

63. 参见张鹰：《从上海外滩近代建筑看近代海派建筑风格》，苏州大学硕士论文，2009 年。

BROADWAY MANSIONS

上 海 大 厦

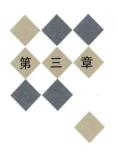

第 三 章

多灾多难的
百老汇大厦

　　1937 年，"八一三事变"爆发，上海沦陷。1939 年
3 月 25 日，在日本侵略者的软硬兼施下，业广公司被迫
将大厦出售给了日本人控制的恒产公司，百老汇大厦沦
为魑魅魍魉出没的"鬼窟"。1945 年抗战胜利后，百老
汇大厦的悲惨命运并未终结，在这里，各方你方唱罢我
登场，直到上海解放，百老汇大厦才等到黎明的到来。

一、日本侵略者强买百老汇大厦

　　1937 年 8 月 13 日，"八一三事变"爆发，淞沪会战
打响。虹口迅速沦为战区，炮火也波及百老汇大厦。8 月
15 日，《申报》报道："昨晨二时起，炮战异常激烈。日
军不支后退，（杨树浦一带）已有陷入火线之危险，人
民由梦中惊醒，纷纷逃避。十时许，我方空军出动，在
黄浦江轰炸日军舰，日舰亦以高射炮还击，巨声如雷……
记者于十一时许越外白渡桥而东，具扶老携幼，并肩荷
行，匆忙逃难者，途为之塞，间各国士女杂于行人中。
东行之军车至百老汇路而即停止，在外虹桥以东，则人
迹已绝。各横路间由日便衣队防守，尚无骚扰行人之事。
迨十二时许，有日兵五六人在百老汇大厦前堆置布袋，
面向外白渡桥，其用意不明。"[1] 此时，蒋介石的私人飞

行员伦纳德正住在百老汇大厦，他在大厦亲眼目睹了战争带来的惨况：

> 早晨，我被一阵激战的声音惊醒了，窗户嘎吱作响，床不停地摇晃。当时我在上海的居所在百老汇大厦，这个地方正好在日租界的边上。日本人的一艘旗舰就停靠在距该酒店不到一百码的地方。看来这不是我待的地方。正当我将衬衣往手提箱中塞时，中方投下的第一颗炸弹爆炸了。这显然是冲着日本人的旗舰来的。炸弹的威力很厉害，我的下巴都能感受到爆炸的剧烈震动，窗户上的玻璃也被震碎了，全都飞溅到屋里了。我站在百老汇大厦十三层的窗户旁边，看着外面正在发生的战斗。一架架中国飞机在头顶上空疾驰而过，它们每隔几百码就投下很多炸弹。发动机的轰鸣声震耳欲聋。嗡嗡嗡！轰隆！好可怕的场面！轰隆！——又一颗炸弹爆炸了，依然是那么密集。轰隆！然后是低沉的呼啸声和轰鸣声，大楼都被震得有点儿摇晃了。有颗炸弹在上海的主城区爆炸了，一股浓烟腾空而起，烟雾向上翻滚着，扩散着，建筑物、木板和人全都被炸得飞起来了。爆炸声停顿了一下，接下来是越来越疯狂的爆炸。上海的街道上，数千人被炸得血肉模糊。[2]

根据资料，整个"八一三事变"期间，百老汇路（今大名路）、兆丰路（今高阳路）、提篮桥、舟山路一带露尸横陈，随处可见。日军到处放火，一片火海，烈焰腾空，数日不熄，焚毁民房三四千间。[3]当时，很多传言说，百老汇大厦9楼以下悉为日军占据，更有人说日军将此作为收容避难日侨之用。8月21日，各大新闻媒体转引路透社的报道，"百老汇大厦经理赫西切实否认日军占据该大厦房屋，或该大厦收容避难日侨之说，并强调关于该大厦之误传消息，易使该大厦受天空袭击之危险云

上海大厦
BROADWAY MANSIONS

1937 年战后的百老汇路

云"。⁴ 不过，当时很多人已经开始有种预感，百老汇大厦自身难保了。

  自从 19 世纪末开始，虹口已经是在沪日本人最大的聚居区了，而且原在英租界的日本领事馆以及日本最大佛教派别之一的东本愿寺，也于 19 世纪七八十年代先后搬到虹口，更加推动了虹口日本人的聚集。其中尤以百老汇路、吴淞路一带最为密集。1904 年，在百老汇路上，"日本人的杂货店颇多……日新月异繁荣的百老汇路，充满了日本人街的景观"。⁵1924 年出版的面向日本读者的导游指南《上海案内》更说："我居留民在上海号称有

2万人，其九成居住在虹口。为此，呈现出中国人依赖日本客人经营兑换店、杂货店、米碳店、食品材料店、吴服店以及鱼菜店等几乎日本人生活所需的全部商业，也不得不使用日本语的光景。"[6]所以正如周志正所言，"虹口虽然没有日本租界，但实际上变成了日本租界，其结果是'一·二八''八一三'战争引起的，由此成为二次淞沪战争的发生地，更是汪精卫政权的策源地。1937年'八一三'以后，虹口成了日本军队的占领区。"[7]作为这个区域内最重要的标志性建筑，百老汇大厦首当其冲会吸引日本侵略者的注意，日方也当然知道这幢大楼的意义所在，这也就为日后大厦的悲剧命运埋下了深深的伏笔。现在当虹口已经成为自己的囊中之物时，日本侵略者当然希望将百老汇大厦也占为己有。只不过在当时，虹口在名义上还属于公共租界，百老汇大厦还是英国人的产业，要达到这一目标还要用一些手段。

日军不停的骚扰随之开始。1938年1月7日午后3时，有20名日本兵前往百老汇大厦，要求登上17层楼顶俯瞰上海全景，"以对市内作详细之观察"。大厦俄籍经理以要经过各房客居室，而且楼顶上系私人办公室为由，拒绝前引上楼。日军竟置若罔闻，一拥而上进入电梯。不过此台电梯载重有限，只能容纳10人，日军进入后即突然下坠，导致数人受伤，日军见情况不妙，便悻悻离开。[8]类似的骚扰屡有发生，很多客人见如此情形只能逃离，大厦经营一落千丈。到了10月份，又发生大厦侍役被抓的事件。10月25日，大厦送信茶役宋阿生在经过外白渡桥日哨卡时，哨兵以通行证发现污渍为由，直接将通行证撕毁，要将其逮捕，吓坏了的宋阿生匆忙逃回大厦，哨兵径直冲入大堂将其抓走。先是拖到外白渡桥痛打，又押往日本海军陆战队司令部。大厦经理赫西屡次向日司令部道歉，日方表面答应放人，却一直没有动作。后来经英国领事馆斡旋，才将其领回。据宋阿生说，他在海军陆战队司令部时，每有日军经过，便会朝着他的面

1933 年的日本邮船码头，日本军舰泊在码头边（虹口区档案馆提供）

部腹部殴打，造成遍体鳞伤。星期二开始受审，到星期四才有一小碗饭充饥，星期五又有一碗饭。星期六给了6块军用饼干，却不给他喝水，根本无法下咽。其实整个拘禁期间，他一滴水也没喝过。[9]

一系列事件让大厦人心惶惶，个个自危，经营也很难正常开展。业广公司苦苦支撑到年底，日方正式开始提出购买百老汇大厦的要求。12月11日，《大陆报》报道："昨悉日方某团体向英商业广公司提出购买百老汇大厦，业经数周之谈判，但尚未得确切之同意。"[10]12月25日，《新闻报》转引《大美晚报》的消息，谈判正式成交，作价洋600万元，"为上海地产有史以来的大交易之一"，业广的股票在上午亦突然从9元4角涨到9元6角。[11]可是事实上，正如下面我们要提到的，到这时日方根本没有掏出一分钱，这桩交易根本还未达成。这些消息都是日方放出来的，就是要造成既成事实。日方更是单方面强行着手进行收购之后的安排。就在谈判还没结束的12月20日，日方已经在百老汇大厦宣布成立苏浙皖禁烟局。[12]而所谓谈判成交的消息公布一天后的12月26日，日方又放出消息，决定将其在沪机关集中到百老汇大厦办公，事实上，陆海军各机关当天已经迁入了。[13]

在这种情形下，留给业广公司的选择余地已经不大了。这桩交易拖到次年的3月份正式宣布成交。3月8日，《新闻报》上说，业广公司与华中振兴公司补助之上海恒产地产公司办理交割竣事。报道意味深长地写道，这间上海最富丽旅馆之一，共计有旅馆房间156间，公寓房间56个，公司写字间及铺面8间，当年的建筑费750万元，约合现在的1500万元，最终成交额为现款500万元。[14]

上海市档案馆保存了恒产公司收购百老汇大厦的部分档案，从中我们可以了解这桩收购的详细情况。在此之前，首先要看看这个恒产公司究竟是一个什么样的公司。

根据资料，上海恒产有限公司又名日本恒产株式会社，其实是"华中振兴公司"的一个分公司。日本方面认为，以上海为中心的华中地区是中国的经济中心，也是日本经济掠夺的一个重要地区。为了加强对这一地区的经济控制，1938年3月25日，日本内阁通过了设立"华中振兴股份有限公司"案。10月30日，正式成立"华中振兴股份有限公司"，简称华中振兴公司，其总部设在上海，由前横滨正金银行总裁儿玉谦次任总裁。华中振兴公司实际上是日本对中国，特别是以上海为中心的华中地区进行经济侵略和经济掠夺的机构。

就在1938年9月7日，伪维新政权"内政部长"陈群与日本华中派遣军特务部长原田熊吉签订《上海恒产公司设立要纲》，其主要内容有：日伪合办上海恒产股份有限公司，经营上海都市、港湾建设、土地、房屋买卖、贷款、利权及管理，以及不动产信托业务等，初定资本2000万元，其中物资作价1000万元，另1000万元为现金，由"华中振兴公司"及日本通过在日本人中集资各占50%，日

1937 年守卫外白渡桥的英军

伪各派一人任总经理，伪方经理为陈绍姁，而日方代表则是梅津理，实际由他操纵公司。在这 2000 万元注册资本中，伪方的 1000 万元就是以伪政府控制的地产折算，当然，实际数远远大于 1000 万元，而日方的 1000 万元则由日本的军方认领，实际认购的数又远远不足 1000 万元，这显然是一种弱肉强食的行为。事实上"华中振兴公司"表面上是由日本政府和"维新政府"各出一半，其实也是同样的花招，即以劫掠来的原来属于中国的资财充当投资，或者用所谓军用票、伪钞或债券支付。

　　恒产株式会社成立时发布声明，称是"依据昭和十三年九月阁议决定"而开设的。它的经营纲领是要把"上海市建成中日两国势力下的理想都市"，使"上海市为将来大东亚共荣圈的商业、工业及交通之华中的中心基地"，形成"将租界成为经济中心，于军事上及都市保卫上作充分的考虑"。显然，恒产株式会社已经超出了单纯的商业公司的范围，而是一个为侵华作长期准备的"军事机构"。[15]

1941 年 12 月 7 日，太平洋战争爆发，该公司代表日伪政权的"敌产"处理机构，接管上海租界内外被视为敌对国公司及侨民的房地产，成为规模最大的主营不动产的公司。据 1947 年 12 月公布的上海市地政局的抗战时期房地产损失调查表，恒产公司圈地总数达 10432 万亩，其中 1300 万亩为日军所有。[16]

由于恒产公司名义上是日伪合办的公司，所以按照程序上，其必须向当时伪维新政府的"内政部"备案，并转呈"行政院"备案。1939 年 3 月 23 日由"内政部长"陈群签发的"内政部"训令土字第 74 号文中，指出经"行政院秘书厅"函示，3 月 16 日召开的"议政委员会"第 83 会议审议了这桩交易，认为必须由"内政部"向恒产公司"转询实在情形再议"。恒产公司便将"商购实在情形"以"恒总第 194 号"文呈送"内政部"，让后人可以了解一下这桩交易的具体内容。

根据这份文件，当初业广公司索价 750 万元，恒产公司"殊嫌昂贵"，后经"一再函减"，定为法币 550 万元，由恒产公司照价购买。该款由本公司向兴亚院华中联络部息借以一年为期，生息三角五毫，随后"即以该款拨付卖主"。"大厦连同家具及一切生财等"均售予恒产公司，将由恒产暂行接续经营一切，按照原来现状，不加变更。恒产预计大厦每年营业预算总收入约法币 70 万元，经费约计法币 35 万元，认为经将借款利息拨付后，尚有相当之利益。双方将细节商订后，定于 1939 年 3 月 25 日签订合同。合同由业广方面向英国总领事馆登记，恒产公司则以理事梅津理名义向日本"总领事馆"登记。恒产公司收买该大厦后，定于 3 月 28 日伪维新政府成立一周年纪念日，在大厦悬挂日伪旗帜。[17]

3 月 22 日，业广公司的年度股东大会召开。董事长 Arnhold 正式宣布，以 510 万元将百老汇大厦连带车库一并出售给日方。他承认，董事会犹豫了很多时间，但是考虑到现在的环境，最终接受了这份协议，认为这是符合目前公司利益的。董事会也希望股东们考虑一下目前的处境。他还明确指出，现在这笔款项仍然没有收到，而且还有一些必要的合同法律条文的细节需要完成。[18]可日方根本不管这些，他们已经俨然以大厦的新业主自居了。早在3月20日上午，日方将特制的大型日本旗一面携至大厦，存放五楼，要求移交竣事后必须悬挂。大厦内的外籍旅客闻讯后，纷纷停止租住，结付账款，退出他去。[19]3月25日，双方正式签字，实行交割。3月29日，《北华捷报》上刊登了一张合约签订时的四人合影，分别是业广公司的经理A. W. Buck，恒产公司的经理梅津理、代表律师冈本和恒产公司的秘书川久保。[20]根据当时的安排，大厦经理赫西仍将继续留职，受日方之雇用，所属之大多数职工亦将留任。但事实上不久，大厦的管理层便全部由日方接管了。

值得一提的是，该项收购虽然至此基本结束，但是由于当时伪维新政府的行政部门形式上仍然按照备案程序询问问题，因此档案中保存了相关的文件，让后人可以看清楚这桩收购背后究竟是怎么回事。

1941年1月，汪伪政府"行政院内政部"以训令地字第123号文，要求恒产公司就"中国方面当时出资情事"进行答复。1月23日，恒产公司以"恒总庶四一第572号"文进行回复，称"本公司收买该大厦时一部资金，经兴亚院华中联络部之斡旋，曾由中国方面（戒烟局）借用，业经清偿"。2月1日，恒产公司又以"恒总庶四一第15715号"文称，"公司收买该大厦时，系另行筹到资金，中国方面并无注资，且公司以建设上海都事为目的所设立特殊法人之公司，关于该大厦之经营系由委托本公司经理，故该大厦之资本并非股份组织，亦无股东"。不久，恒产公司再以"恒总第172号"文回复，款项由"由本公司向日本当局息借，计年息三厘五毫，以便一次拨付本公司接收"。这几份呈文明眼人一看就知漏洞百出，关于资金来源方面，最先称是向戒烟局借用，然后又称"另行筹到资金", 再称"向日本当局息借", 同时又称对大厦的经营是"委托本公司经理"。那么究竟是谁委托恒产公司经理, 资金又是从何而来的呢?

很显然,"内政部"也发现了这个问题, 在地字第152号文中, 指责恒产公司"前后情词不相符合"。要求回答"该百老汇大厦是否系恒产公司收买, 其购价是否为该公司资产之一部, 所称该大厦之经营系由委托该公司办理, 委托者系何方面, 究竟是何实情"。恒产公司便以"恒四一第57110号"文回复, 承认"公司收买百老汇大厦系奉兴亚院指令办理, 其资金系向兴亚院通融, 由本公司收买, 其后即由本公司经营"。但辩解称"关于此牵涉者间之关系, 在兴亚院系立于买收经营指导之地位, 在本公司则作为公司所有而经营之, 并不作为委托关系。即当初买收时, 继与兴亚院特别指定本公司收买, 并因有买收资金通融筹备之关系, 虽有类似委托之事实, 却并非委托关系。兴亚院方面仅处于融资者及指导者之关系而已"。而资金方面则是向兴亚院的借款, 且"近正由经营利益逐渐清还中, 将来自当从该项利益金或本公司资金内陆续清偿"。5月16日, 恒产公司再次以"恒产四一第5717号"文回复, 强调:"百老汇大厦系经本公司收买, 其资金由兴亚院华中联络部发借, 交由本公司经营, 前呈所报委托经营一节系于收买时由兴亚院华中联络部特别指令本公司办理, 该项收买资金亦经兴亚院斡旋, 且其方针系以独立会计经营办理, 由本公司收买并经营之关系而言, 故法律上并非有由他方委托之关系。"但是这种所谓"虽有类似委托之事实, 却并非委托关系"显然是狡辩,"内政部"也认为"当时收买及经营受有兴亚院委托, 何言称法律上并无由他方委托之关系"。[21]不过恒产公司从没将"内政部"的要求当真,"内政部"也对恒产公司无可奈何, 这件事情最后只能不了了之。然而, 正因为恒产公司的狂妄, 才使其在不经意间暴露了这桩交易的真正本质, 其实就是由日本政府委托恒产公司进行的强行收购，这笔收购的资金归根到底，无论是日本政府还是恒产公司从来没出过一分钱，整个交易中吃亏的是业广，而真正受损失的则是中国百姓。

根据后来相关的记录，恒产在成立之初就制定了在几年内发行公司债券 1 亿元的目标，有记载表明，1938 年 11 月他们发行面额 1000 元、100 元、50 元、10 元总额 450 万元，年息 6 厘。三年后分五年以抽签的方式偿还。1940 年第二次发行，总额为 420 万日元。实际上就是用发行新债券偿还旧债券的办法，而当 1943 年偿还欠债时。就不再以日元偿还，而是以汪伪政权发行的"中储券"（即汪伪"中央储备银行"发行的钞票）等额偿还，而实际上等额的"中储券"的实际值远远小于日元，使许多认购者吃了大亏。而在百老汇大厦的这笔收购案中，恒产公司同样玩了这样一套花招。本来这笔付款是暂由日兴亚院华中联络部长官津田静枝向正金银行代管的江海关税金中借支。然后，该公司再从 1942 年 6 月起分期归还这一借款。可是当月还了 105 万元，便变更契约，余下 405 万元改为以军票和伪储备券归还。由于日军强制宣布的军票、"中储券"与法币兑换比例的不合理因索，因此 1943 年 5 月和 9 月归还军票 7 万元和"中储券"102.5 万元之后，至 10 月底尚欠 180 万元没有归还。[22]

业广公司从此也开始走下坡路。就在 1938 年的那次股东年会上，公司已就宣布，在战争中东北两区的房屋被毁，损失 190 万元，少收租金 30 万元。太平洋战争爆发后，恒产公司正式将业广的所有不动产全部劫收，其间恒产除收取全部租金外，并盗卖房地产多处。抗战胜利后，业广公司收回了产业，但是不少产业在抗日战争期间已被日伪转买、折产，要收回产权变更的产业是十分艰难的。据 1949 年的统计，业广公司拥有土地 648 亩，房屋 3201 幢，建筑面积 485116 平方米。1949 年后，因背负巨额债务，业广公司终于在 1956 年 4 月把在上海的财产转让给中华企业公司，以抵偿债务，从此结束了上

上海恒产公司呈报购买百老汇
大厦文件（原藏上海市档案馆，
上海大厦提供）

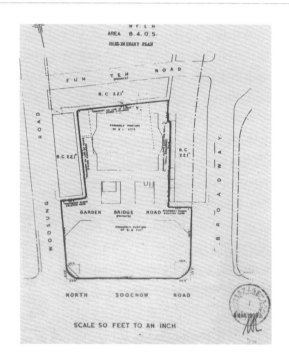

1939 年恒产公司提供的百老汇大厦平面图

（原藏上海市档案馆，上海大厦提供）

海的业务。[23] 这家一直精打细算的公司，千算万算，却终究还是没能算清楚在时代洪流下的命运究竟会如何。

1939 年 3 月 28 日，交接仪式在大厦的顶楼正式举行，英国旗被降下，日本旗升起，[24] 百老汇大厦由此开始了一段多灾多难的历史。

二、鬼影绰绰：日军占领时期的百老汇大厦

在 20 世纪 30 年代曾红极一时的歌手，《夜来香》演唱者李香兰在她的自传《在中国的日子：我的半生》中，时常回忆上海的繁华，百老汇大厦、外白渡桥、欧式大街构成了上海租界的风景，建筑物的灯光金碧辉煌，外滩的河水碧波荡漾，建筑物的倒影沉浸在水的柔波中黯然惬意。这就是李香兰心心念念的上海，这就是李香兰回忆上海的意象。这样的上海是人间的天堂。但李香兰也回忆了上海的地狱世界："豪华的旅店、餐厅、夜总会、剧场、百货店等尖拱式、圆顶式的大理石建筑林立在马路两旁，而它背面的小巷，白天也有昏暗一面。滋生着犯罪、阴谋、贩毒、卖淫等罪恶的霉菌。"[25] 日军占领时期的百老汇大厦便是这样一个滋生着罪恶，充满着绰绰鬼影的地方。

恒产公司在"恒总第 172 文"中提及收购百老汇大厦，是因为"查上海为中日人士往来频繁之区，现值华中各地急待复兴，要人来沪日益众多，以应早觅相当处所，以备憩息之用"。[26] 大厦易主之后，就成为日本侵华的据点之一，日本宪兵队的特务机构特高课一度设在其中，日本的文化特务机构"兴亚院"等也设在楼内，许多日本高级将领、杀人魔王堂而皇之地入住其中，并多次在大厦内召开侵华军事会议。在虎狼猖獗的日子里，这里成了真正的鬼窟。

当时日本侵略者对华政策软硬兼施，一方面诉诸武力，另一方面则施计诱降。1938 年 11 月，日本五相会

议通过了对华新政策，决定以承认伪满、经济提携、中日杂居、共同"防共"、日本承认废弃治外法权、交还租界、日军于两年内"分批撤退"等条件，全力支持汪精卫的所谓"中日和平运动"。早在 1939 年 1 月，舆论便哄传汪精卫已经抵沪。当时因虹口方面于 1 月 2 日晚间宣布特别戒严，日方陆战队密布岗位，并断绝交通。有所谓消息灵通人士认为此次戒严迥异平时，是"系汪到沪之旁证"，并有传"汪寓百老汇大厦"之说，只是这消息在当时还是谣传。[27] 不过这虽然是谣言，但并非空穴来风。早在汪精卫到达上海之前，这里已经成为各类汉奸聚集的地方，如 3 月 21 日，《申报》就报道，应日本要求出任伪"汉口高等法院"兼"地方法院院长"之职的汉奸凌启鸿便曾"匿居虹口百老汇大厦三百十八号房间，召集班底，分派大小伪职，而一般傀儡，亦分别设筵庆贺"。[28]

1939 年 2 月，高宗武到河内与汪精卫相见，转达了日本五相会议决议，汪精卫提出取消"临时""维新"两组织，另外成立南京新"政府"。然后，高宗武又去日本转达汪的意见，五相会议决定予以接受。1939 年 4 月，汪精卫在日本政府派往河内迎接他的专使影佐和犬养毅的周密布置下，由河内到海防，乘日本专轮于 5 月 6 日偷偷来到上海。日本人早已指定江湾重光堂为汪精卫的行馆，过了数日，又把他搬到百老汇大厦，并以此为汪氏进行所谓"和运"的大本营。申报在 5 月 24 日转引中央社消息称："确悉，汪精卫、陈璧君五日午乘义邮康脱罗索轮过港赴沪，日方事前曾派舰由影佐大佐赴海防迎汪，并在沪百老汇大厦为汪布置寓所。"[29] 整个 5 月，关于汪精卫、陈璧君在百老汇大厦的活动，各大报刊便有详细的报道，汪精卫抵沪后，"其随从爪牙如周佛海、李圣五等辈、亦随之陆续抵沪。汪即遣其党羽等四出活动至其活动之计划，为恢复过去之改组派，设立'改组同志会'，吸收国民党党员，为收编各地土匪，组织'中华民国和平

1942年华兴商业银行在百老汇大厦宴会请帖（上海市档案馆藏）

救国军'，供其出组'政府'后盾，为收买新闻机关，为其鼓吹和平。而其妻陈璧君则在沪专任拉拢妇女界份子，筹组'妇女救国会'之责。汪陈此种破坏抗战之阴谋举动，早为国人唾弃。而更不自隐迹，近复在北苏州路百老汇大厦内设立'办事处'，自拉自唱，无异一出滑稽双簧，国人无不嗤之以鼻云"。[30]此后在大厦中，曾召开过许多日伪之间的肮脏会议，如开展"和运""筹备'国府'还都"会议等，以"中日和平"旗号，大搞卖国活动，总之，这座建筑当时被人们认为是个"汉奸窝"。

更骇人听闻的是，日本人把这幢美仑美奂的建筑变成了残害人民的鬼窟，一幕幕人间惨剧也经常在此上演。抗战结束后，《新上海》杂志便指出："在敌伪时期，就在百老汇大厦里，东洋鬼子有几个重要的机关，专门收集我国军事上的情报，策划侵略的诡计，他的重要性和四川路敌宪队负有同样的使命，也在内不时杀害我爱国志士，但是这事外界知者甚鲜。东洋人也守口如瓶，因此当时人民只知敌宪队是一个杀害中国人的屠杀场。"[31]这一点虽然在相关的材料中透露较少，但仍有很多证据可以证明，只不过这里关押的大多数应该是外籍人士。1939年5月5日，《申报》便转引《大美晚报》

的报道，有 3 名俄人在 3 月 29 日被日军在杨树浦路某屋内逮捕，立即押赴百老汇大厦。[32] 又如 1947 年 2 月，当时上海高等法院审理白俄保德席大夫一案，便称此人于"九·一八"事变后投敌，在哈尔滨敌宪兵队充当密探。后又来沪，"复在百老汇大厦敌宪兵队刑事科工作，专审外籍被捕人员。受其荼毒者，不知凡几"。[33]

在这个鬼窟中发生的最惊人事件则莫过于李士群暴死。

李士群是当时伪江苏省长，也是 76 号特务机关的实际掌权者。当时他自恃权力甚大，八面树敌，与汪伪政权中的重要实权人物周佛海、梅思平、丁默邨、熊剑东等人产生激烈的权力冲突。而恰在此时，他的靠山，梅机关的晴气庆胤失势，李士群由此陷入四面楚歌之中。此时，周佛海、丁默邨等人为了给自己留条后路，与重庆方面取得了秘密联系，重庆方面指示他们务必翦除李士群，以此来考查他们的诚意。1943 年 5 月 3 日，周佛海日记记载："八时许，程克祥由渝来，报告见蒋先生及戴笠经过。"也差不多在同时，周佛海又得到日军要"割掉李士群这个毒瘤"的消息。1943 年 5 月 2 日，周佛海在日记中写道："宴日本驻华中宪兵司令大木（繁）少将，座仅主客二人，密谈二小时余。余表示国府最要之图为获得民心，盼日宪兵能协力，一切足引起民众反感之事，中日双方应协力制止之。"这个要协力制止的其实就是李士群。可见除去李士群，成了重庆、日本以及汪政府的共识。根据周佛海日记，他曾在 5 月 7 日、5 月 24 日、6 月 3 日、7 月 27 日多次与日军宪兵队特高科科长冈村少佐会面，暗杀计划也逐渐成熟。最终，他们议定，通过冈村出面，以调解李士群与负责税警总团的熊剑东之间的矛盾为名，约请李士群与熊剑东一同到冈村在百老汇大厦的住所相谈，乘机将其除掉。

李士群此时已经自知处境不妙，怕人陷害他。那天去百老汇大厦，他还是提高警惕的，他与随行的日语翻译夏仲明商定，不吃任何东西，连香烟都抽自己的。此外又预先派出了几个保镖在楼下候着，如果自己两小时内不下来，就冲上去救他出来。当时冈村先讲了一番团结奋斗的大道理，要求双方消除误会，不要计较过去的恩怨，从今以后仍是兄弟等，熊剑东和李士群只得诺诺。谈话间侍者送上来茶水，别人都喝了，李士群却不喝。过了一会儿，冈村的夫人亲自来送牛肉饼，冈村特意介绍，这是他夫人亲手制作的。按照日本人的礼节，夫人制作的点心要客人吃，客人是一定要吃的，不吃就是不礼貌。李士群无法推辞，就吃了半只牛肉饼。他吃了又后悔，推说上厕所，在厕所里用手指压住舌头，把牛肉饼又呕吐了出来，心想大概不会有事了，4点钟抽身出来，当晚回到苏州。其实这是块沾了阿米巴菌的牛肉饼。到家后，他开始只是感觉疲乏，有些想睡，到半夜时开始大吐大泻。请日本军医来看，也看不出什么名堂。9月9日下午5时，李士群毙命，时年才38岁。[34]

　　正是由于大厦里有很多见不得人的勾当，所以抗战后，这里经常传说日据时期大厦闹鬼的故事。

　　　　大概在胜利前半年，日寇已成日暮之境，断定了它垮台的命运。在大厦里的工作，也显得特别紧张，乱哄哄忙得心中惴惴不安。某晚深夜子时，忙了半天，纷纷睡了。其时有一个名叫松岛的上尉，是一个杀人不眨眼的恶魔。他正在朦胧睡去的时候，突然听见屋外有一阵脚步声，起初还以为是别的人起来，移来仔细一听，这脚步有些异样，好像往自己卧室走来。他正想开亮电灯，这里就有一阵阴风往身上吹来，不禁连打了几个寒噤，接着眼前好像有一个庞大无比的黑影，吓得他毛骨悚然，慌得连电灯开关都摸不到，狂喊急叫起来。其他房间里的日寇在睡梦中突然听到一声惨叫，大家来不及披衣，握了手枪到松岛的卧室里。这时室内电灯已亮，松岛惊得面如土色，呆立在室中，大家问明原委，也有些汗毛凛凛，一夜不安。据说事后那间房间从此封闭不用。[35]

百老汇大厦不仅是鬼窟，而且还是毒窝与赌场。日军在侵华战争期间，一直推行鸦片毒化政策，他们利用毒品，吸吮中国人民的膏血，并以此掠取大量的侵华战争经费。有历史记录，当年凡是有日本机构和特务机关的地方，必然有鸦片与鸦片烟馆，鸦片贸易也更猖獗。这一点在百老汇大厦同样得到了证明。

为了确保鸦片生产和贩卖活动由日本政府控制，日本专门指定相关的特务机关，而在上海所在的华中地区，负责的正是长驻于百老汇大厦的"兴亚院经济部"。兴亚院要求各地成立戒烟局，管理烟行。而上海的戒烟局如前所述，在百老汇大厦尚未移交给日方之前，已经在此设立了。根据历史学家魏斐德的研究，1938 年 12 月，日本军事当局与南京伪维新政府的官员们举行了一次会议，在百老汇大厦六楼开设了伪苏浙皖禁烟局，局长是余均青，特务机关的三个代表作为"顾问"：田中、里见、夫滨。他们被授权控制鸦片的进口和分配，厉行鸦片行和烟民的许可证规定，以及征收鸦片交易的税金。他们也将鸦片的供应和许可证颁发职能重新纳入禁烟局管辖。此时"上海与歹土的所有 58 个鸦片行，不得不向百老汇五楼的禁烟局申请鸦片销售许可"。[36] 这事当时就引起中国人的关注，1939 年 2 月 23 日，《申报》报道："去年岁暮，复有'禁烟总局'成立，设办事处于百老汇大厦六楼，志在苏浙皖三省内实行雅片专卖计划，此一团体之详细行动，尚无所知，但其成立，意在搜括款项，用以支付军事消耗，似无疑义也。"报纸的小标题专门提醒国人，上海地区"毒品弥漫可怖""已开始堕落步骤"。[37]

由于当时日本和伪政府在鸦片利益分配方面有争端，1939 年 6 月初，"上海地方戒烟局"又在百老汇大厦成立，负责人仍是余均青。根据达成的协议，"戒烟局"仅对上海烟行出售的鸦片有资格征收税款，每销出12盎司鸦片，就交纳180元。征税将成为伪维新政府收入的一部分。与此同时，东京的"亚洲发展会"则命令特务机关将三省禁烟局合并成一个由中西和里见领导的独立机构，以设在百老汇大厦的华中弘济善堂的名称进行活动，负责人则是著名的鸦片贩子盛老三盛文颐（字幼庵），由他来负责将三井公司根据需求而运来的伊朗鸦片（"红鸦片"），提供给上海的那些烟行，销售所得利润归日军。不久，华中弘济善堂从百老汇大厦搬出，迁至北四川路912号。[38]

由于"戒烟局"税款过重，当时上海的烟馆一度还发生过罢工。就在上海"戒烟局"成立不久的6月24日，沪西著名的"上海歹土"中之百余所鸦片烟馆总罢工，抗议伪"大道市"警察逮捕馆主与吸客30人，反对"上海禁烟局"实行的新条例。"上海禁烟局"在百老汇大厦设立后，局长余均青便函告各烟馆，要求悉数重行登记，按照新条例缴捐。不久，又通知要3日内服从新令，可各烟馆置若罔闻。"禁烟局"遂在"大道市"警察合作下，于6月23日午后6时30分开始行动。在康脑脱路旁新康里中之"小月宫"与"四五六"两个烟馆内抓去馆主与吸客30余人。其他烟馆主闻讯后，决计总罢工，抗议这种"高压行动"。烟馆馆主认为"禁烟局"现谋实行以烟枪数为根据的新捐率明显过重，而且对于"禁烟局"承诺要"于新捐率实行后，对烟馆给予更完善之保护，以防流氓吓诈"颇表怀疑。[39]只不过这些烟馆根本不可能与有日军保护的"戒烟局"对抗，这场烟馆罢工闹剧不久就烟消云散。

除了"戒烟局"外，百老汇大厦中还有很多鸦片贩卖机构。如1939年3月20日，《申报》便报道，有毒贩郑春和、郭柏顺亦拟在沪西设立大规模贩毒机关一所，业经数度接洽，颇为顺利，定名曰立大公司，资本甚巨。专门在百老汇大厦设办事处，一俟与"某方"办妥手续，领得营业证书后，即可实现。[40] 又如 1943 年 6 月，上海日军又利用贩毒大王盛杨生，在百老汇大厦组织华通贸易公司，专事运输毒品至我国内地销售，将盈利接济汉奸活动。[41]

除了大量烟馆外，大厦中还设有大量赌场，当时新闻媒体也多有报道。1939 年 7 月 27 日，《申报》便转引《大陆报》的报道，称苏州河北岸之摩天楼百老汇大厦第十八层楼新开华丽赌场一所，令日军侵占后所设之赌窟无不为之黯然失色。《大陆报》记者打听到，这家赌场于上星期五正式开幕，其"行动"根本并不"秘密"，而且"闻该销金窟中之赌博、包括有轮盘赌、牌九、与大小等，往博者多居百老汇大厦之人"。[42] 《大陆报》刊出消息后当晚，日本海军发言人便声称，当局"不知"有此赌场，如果有之，则已被勒令停闭云云。到了 29 日，海军发言人又在招待新闻记者时声称，这家开设于百老汇大厦十八层楼之赌场名"寺院"者已经收到停业之警告。但事实上，能够在日本人控制的大厦中开设赌场，其人背景如何，一想便知。《大陆报》编辑部报道此事时，还接到了含恫吓语气的"隐名电话"，欲知"何人属是稿"以及"此稿记者之姓名"。[43]

到了 1941 年，新闻媒体又报道，又有一新开之赌窟"设在百老汇大厦十七层楼"，其主人是著名的瑞士籍逃犯惠尔特。[44] 这个惠尔特是当时号称"上海有史以来最巨大之诈欺取财案"的主犯。根据当时的报道，美商茂生洋行及其他美商公司曾将一套铸币机器售给了中国政府，中国政府则以铜币铜块为交换，这些铜币铜块就被茂生公司放置在美商瑞丰公司堆栈中。1940 年中，茂生洋行忽然发现这批价值当时美金 175077.69 元、法币 300 万的铜块铜块全部失窃，原来的木箱中只有沙石和水泥板，经调查，主犯就是这个惠尔特。惠尔特是瑞士人，据说他多年前曾在四川私贩军器军火，险遭枪决。不久又来到上海，与人合伙，利用保险骗取款项，又曾

上海大厦
BROADWAY MANSIONS

与某希腊人在沪绑架华人某将军，勒索巨额赎金，皆被捕获，当年此希腊人被法院判处长期徒刑，但惠尔特却奇迹般地屡屡化险为夷。这次茂生洋行报警后，10月10日，工部局巡捕发现惠尔特在百老汇大厦寓室中，便派警员会同日领署警员两人前往拘捕。惠尔特被捕后，就让他的律师杜尼打电话给日宪兵部，随即就有一队武装日宪兵赶到百老汇大厦，把惠尔特带走。此后惠尔特躲在百老汇大厦，仗着日方的保护逍遥法外。[45]他甚至打电话给茂生洋行的经理，称如果对此事续加追究，"将有悲惨之后果"。他还公然在百老汇大厦接受记者采访，在采访中对中国政府出言不逊，又讥讽美国当局，甚至浑然忘却自己的国籍，将自己和日本人一起称之为"我们"，以此间的"胜利者"自命。[46]当时人们都认为，这场大窃案的背后指使者便是日本当局，这批300万的铜块早落入日本人的囊中。惠尔特不仅可以逃脱法网，且长期在百老汇大厦经营赌场，更印证了这个猜测。

也正是由于百老汇大厦中有如此多的群魔乱舞、恶鬼当道，所以1939年，孙石灵便在一篇散文诗中这样写道："不信你听，倘遇东风的机缘，从百老汇大楼里，每每传来妖声妖气的怪叫。那不是狮子，那是兽中的狈，岛中的囚。"[47]

也正是由于百老汇大厦的鬼影绰绰，那些擅长与魔鬼打交道的人们也不惜深入虎穴，在这里上演了一出又一出的风云大戏。1939年底，著名的我党情报人员，有着多重间谍身份，《伪装者》的原型袁殊便利用他和日本驻沪领事馆副领事岩井英一的关系，经后者的介绍，长期住在百老汇大厦，并在此开展一系列的情报活动。袁殊在潘汉年的领导下，以"兴亚建国运动委员会"的名义，将我党情报工作的触角伸到了岩井的日本外交情报系统以及"兴亚院"等机构内部，使之成为我党的情报来源渠道，在他的介绍下，情报干部刘人寿一度到"岩井公馆"去工作，甚至在公馆内架设了自己的电台。袁殊在百老汇大厦的房间，也一直是他和潘汉年在上海接头的重要场所，潘汉年还在这里以"胡越明"的名义和岩井见面，利用这个关系猎取情报。他们在百老汇大厦敌人的眼皮底下活动，上演了一幕又一幕的惊险传奇。[48] 十年后，潘汉年和刘人寿又作为中华人民共和国上海军管会的干部回到百老汇大厦，故地重游，别有一番感慨。

同一时期在百老汇大厦上演的另一场谍战大戏是美国记者阿班的传奇故事。阿班，又译亚朋（Hallett Edward Abend，1884–1955），是著名的驻华美国新闻记者，长期担任《纽约时报》驻中国首席记者。日本人松本重治在其著作《上海时代》中带着羡慕的口气说道："我认为最为杰出的要推《纽约时报》的哈雷特·阿班。由于阿班常年驻中国所积累的经验，以及他待人接物颇为老成，加上又有时报的声誉，所以他的交友相当广阔。他与蒋介石夫人宋美龄也是极为亲密的友人。他不用像我这样，身为日本通讯社记者，每天都必须为早晚两次的报道发稿而疲于奔命。他只需拣一些重大的信息加以传送即可。所以说他是处在一种极为有利的位置上。我虽然身在上海，始终关心美国的对日政策及对华动态，所以常与阿班交换意见与情报。"

阿班于1925年来到中国，此后供职于《纽约时报》长达14年，从驻华北记者做起，迅速升任驻中国首席记者，管辖中国各地诸多记者站。他在华期间，适逢中国风云巨变，中国每次大大小小的政治事件便通过他传递到《纽约时报》，传递给美国大众、全球大众，并影响各国的政界决策及外交方略。从20世纪20年代起，涌入中国的西方记者如过江之鲫，但就当时的社会地位而言，无人可望阿班项背。阿班生性争强好胜，他本可以一直在百老汇大厦这样舒服的地方遥控指挥，却经常会出现在新闻的第一线，满身烟熏火燎地奔忙在中国各地。他更大的优势还在于其广泛的上层关系。中国政府高层及日、美、英、苏等国在华最高层里，尽是他的私交。

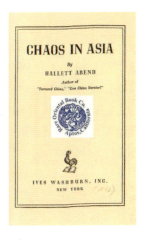

阿班所著 *Chaos in ASIA*

对美国政府而言，他是一个不支薪的高级情报员，免费提供绝密情报，分量超过任何正式间谍。对其余各国政府而言，他是一个编外的美国外交官，其作用常常是美国大使所不能及。因此，日美之间、中美之间、苏美之间，都要由他来频频传话。至于各国的内斗，也要向他暗泄天机，好登上《纽约时报》，搞乱对方。比如，日本正式加入轴心国前，即因最高层两派对峙，有人将消息暗中相告，使他平白得了一个全球超级独家新闻。

他凭借《纽约时报》的金字招牌，有了取之不尽的资源。松本就羡慕地说阿班"在外白渡桥附近新建的布罗托多威公寓（即百老汇大厦）包下了最高一层，找了几个年轻助手，在那里悠闲自得地工作着"。而更有人说他"居则百老汇大厦顶层，行则车夫驾新款轿车伺候，玩则江湾高尔夫球场，饮则英国总会、花旗总会。手下记者、助理众多，仆役成群，保镖随行。豪宴酒会里，他时而主人，时而座上宾。亚洲各地，只要认为必要，便可随时豪华出行"。可以说，百老汇大厦在很大程度上就是他活动的舞台。当年就是一个看似平静的晚上，他在百老汇大厦因缺新闻而苦恼，便随意打电话给宋子文，不期宋子文已外出，佣人说是去孔祥熙家。他又给蒋介石顾问端纳去电话，没想到端纳也不在酒店，秘书同样说是在孔祥熙家。他马上赶往宋美龄公馆拜访，佣人说，蒋夫人刚离开，去了孔祥熙家。他至此已嗅到有重大事情发生，马上一遍又一遍拨打孔祥熙家电话。拨了无数次后，终于有佣人接听电话，让他找到了端纳和宋子文。宋子文亲口将西安事变爆发，蒋介石被扣的事告诉他。一个惊天大新闻，一个无与伦比的独家消息，第一个外国新闻社对西安事变的报道，就这样在百老汇大厦这个看似平静的夜晚诞生了。[49]

然而也因为他秉持着新闻记者的正义感，惹怒了日本人，差点招来了杀身之祸。这一天是 1940 年 7 月 19 日的晚上，日本人选择这一天动手是有原因的。从 1935 年起，阿班便将办公室和住所设在百老汇大厦的十六楼。但是随着日方收购百老汇大厦，阿班觉得越来越不舒服，打算搬家到苏州河以南。一则是他不愿有个日本房东，一则是他不愿每日往来于外白渡桥，觉得既不方便，又要受日本哨兵侮辱。这天晚上发生的事，报纸有详尽的报道，阿班自己向美国领事提交的一封抗议信则是最直接、最准确的第一手资料：

> 午夜 12 点刚过，我在百老汇大厦的住所里，正坐在床上看各通讯社通稿。这时，先听到家里的狗在吠，继而有人砰门。我一打开门，赫然面对两个着便装的日本人。两人都以手巾蒙脸，手持左轮枪。其中一人个子相当高，穿灰色粗布西装，另一人为矮个子，罗圈腿，穿深蓝上装，粗布裤子，显得有些污秽。两人都戴着廉价的草帽，脚蹬帆布胶底网球鞋。他们硬冲进门厅，将门关上。其中一人将电话线从墙上用力扯下，另一人对着我养的一只狗提脚狠踢。两人的英语都差强人意。他们进门后便要我交出"正在写作的反日书籍"。我告诉他们，我根本没在写这么一本书。其中一人听了，便用枪管

戳着我，要我带他去办公室。于是我在前领路，将两人领进了办公室，并扭亮了灯。这时，矮个子负责将我"看住"，另一个则开始在书桌和文件柜里到处翻查。最后，他们终于找到了即将完成的《华尔传》手稿。我解释说，这不过是本历史著作，里面的人，死了快八十年了。但高个子在翻阅手稿时，在第一页发现一段文字，提及1937年之前，长江流域就成为兵家争夺的对象，其中提到了日本。然后他翻到手稿的最后几页，正巧又看到其中说，华尔在松江的祠堂受日兵毁坏。于是他暴跳如雷，说我是侮辱日本陆军，说着便挥棒猛击我的左脸，打掉我的眼镜。接着，他一把将我的左臂扭到背后，将我用力一摁，按跪到地上。然后便一连串地用日语破口大骂。发泄完了，又要求我交出"攻击三浦将军的所有电报"。我说，从来没有发过这类电报，并愿意提供办公室档案为证。他们心有不甘，继续搜查，将我的物品丢得四处都是，连卧室的箱子也不放过，直到又发现另一卷手稿，里头有我写的九个短篇小说。最后，他们将短篇小说与《华尔传》的唯一手稿一齐带走。在退出门去时，两人警告说，大门外会有人监视十分钟，要是我胆敢在十分钟内出门报警，就会被射杀。我留意倾听外面动静，并没有听到电梯上来的声音，估计两人是走楼梯下去。后来，我终于到百老记大厦管理处报警，但是，作案者早已遁去无踪。要知道，大厦里共有六个出口，里头又有许多日本租客。作案人可能从不同出口分头走出，也可能藏匿在大厦的日本租客家里。唯一的物证是在楼梯上发现的，就是那两块被用来权充面罩的手巾。[50]

阿班希望美国领事向日本当局抗议，并要求赔偿和道歉。日本人当然不会承认，更不会调查。所以日本大使馆发言人鹤见在招待记者席上宣称，关于美记者亚朋（阿班）上星期日在百老汇大厦内被日本暴徒殴辱一事，虽然各方所作报告，其印象一若日本当局为本案之主使者，但是发言人坚称，此案必须作为平常犯罪性质之殴人事件，而且认为日本当局对于本案所作之调查，此刻尚未能发表声明。 而当一名美国记者问鹤见，阿班案件是否有进展时，鹤见也只是以极端无礼的措辞予以回答。[52]

阿班事件只是日本人在中国犯下的又一桩罪行而已。随着战争的深入，日本人在百老汇大厦的猖狂变本加厉，太平洋战争爆发后，日军以此为据点，四处搜刮五金器材和废铜烂铁，转运日本，制成武器，屠杀中国人民。百老汇大厦自身也难逃厄运，锅炉，水汀暖气片、金属设备等一度被拆除一空，运往日本制造枪炮。抗战结束后，发现百老汇大厦地下室储存有大量的从上海及全国各地掠夺的军需物资。[53]1945 年 6 月 30 日，日本驻汪伪政府"大使"谷正之在上海百老汇大楼接见上海市各报记者，这也是侵华日军在这座大厦中举行的最后一次记者招待会。谷正之在接受记者采访时，坚称日本"决定奋斗到底"。[54]可这时所有人心里知道，离这些恶魔最终覆灭的时刻已经不远了。

三、抗战胜利后百老汇大厦的命运变迁

1945 年 8 月，日本宣布投降。1946 年 5 月 16 日，时任远东国际军事法庭中国法官的梅汝璈及美国法官希金斯自东京飞抵上海，随行人员分别下榻在百老汇大厦和都城饭店，为不久之后即将举行的远东国际军事开庭搜集资料。[55]日本侵略者在百老汇大厦乃至整个中国犯下的罪行终将会得到清算。

就在抗战胜利不久，国民党进驻上海，开始接收工作。首先入驻百老汇大厦的是国民党中央宣传部国际宣传处的上海办事处，住址在大厦 15 楼的 11 号房间，后更名

为行政院新闻局上海办事处。此后，由于美军在华机构其时纷纷迁沪，在沪美军人数一度达 2 万余人，于是驻华美军接管百老汇大厦，在此成立美军遣撤部，直到次年 9 月大部撤返美国[56]，其间很多美国军属探亲时也居住在这里，从此，百老汇大厦开始有美军宪兵站岗。1946 年 5 月，经由中宣部转呈行政院，行政院长宋子文电令敌伪产业管理局将百老汇大厦酌量分租一二层给予外国记者居住。美军遣撤部和外国记者协会（又称外国访员交谊会）是这一时期在百老汇大厦停留最久的组织机构。

不过美军总是要离开的，百老汇大厦的未来如何处置成为一个大难题。按照 1945 年 10 月时任行政院长宋子文关于上海接收工作的相关命令，上海设立了直属行政院的上海区敌伪产业处理局，并成立上海区敌伪产业处理审议委员会。审议会议定各项处理办法后，交处理局执行，同时处理局又可以委托相关的机构进行处理，其中房地产专门便委托中央信托局负责。此外，根据《上海区敌伪产业处理办法》，产业原为"日伪出资收购者，其产权均归中央政府所有"。[57]可见，百老汇大厦产权当归中央政府所有，其处置程序则由敌伪产业处理局根据审议会的决定，交由中央信托局负责处理。

1946 年 5 月，有新闻报道称，敌伪产业处理局对这座"雄峙于苏州河畔之百老汇大厦"以及其他所接收的各重要敌伪房地产将以分别出售的办法处理。出售方式分三种：一是估价出售，以由申请人指定之房地产，经行政院核准者为限，先由中央信托局估价，经处理局核估，提出审议会通过后，呈请行政院核准；二是公开标售，这是中小型房地产的处理方式；三是组织公司出售。像百老汇大厦这样产业较大不易标售的，先由中央信托局估价，经处理局复核，提出审议会审核，并呈经行政院核准后，组织公司招股，并规定认股至某种数额，可承租某类房屋之鼓励办法，使股票尽速售足，则是项产业即告脱售。至于出售条件，一是价款规定一律以现金支付；

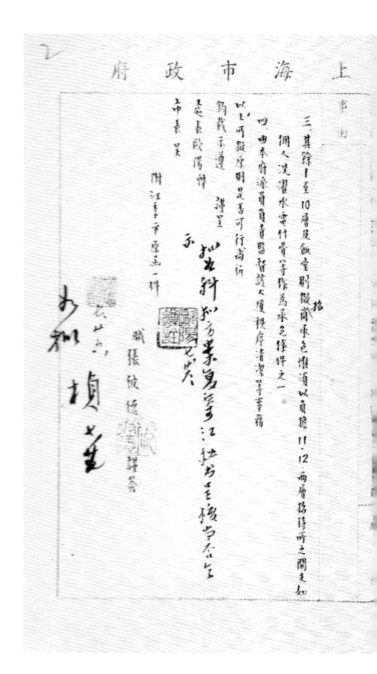

三、其餘1至10層及飯堂剔撥前承包攤派以負擔11、12兩層務停併所之開支如拾

佣人洗濯水電竹骨等作為承包條件之一

四、由本府派員負責監督護大廈秩序清潔等事務

以上可擬原則是否可行尚祈

鈞裁示遵　謹呈

處長歐陽醒

市長吳

附江平原函一件

職張彼德謹簽

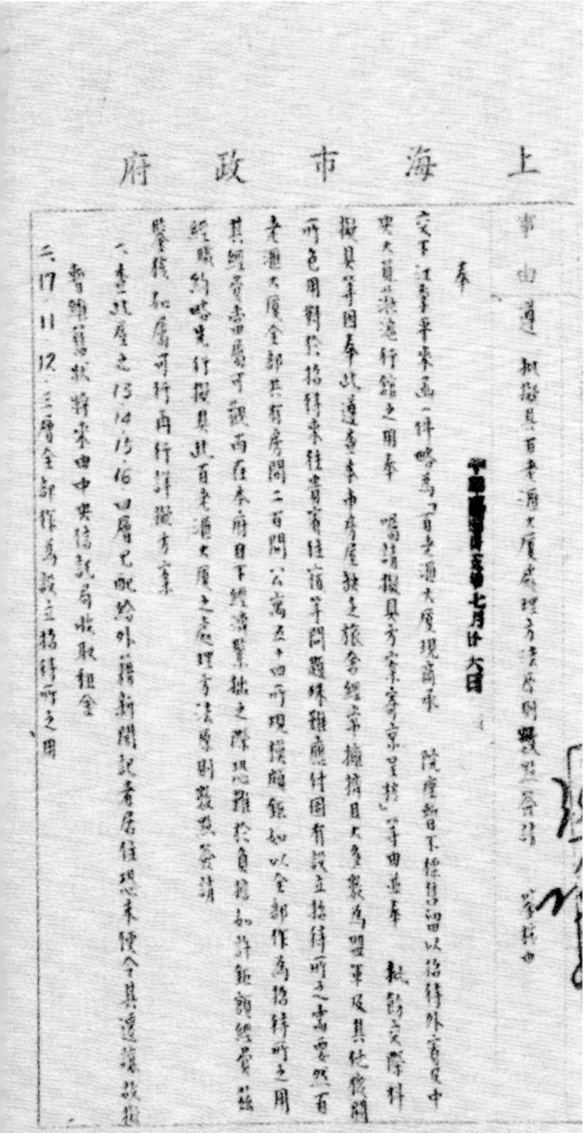

案由　通知　拟照具百老汇大厦处理方案办理由　奉悉签呈悉

中华民国　年七月廿六日

交下汪寿平来函一件略为「百老汇大厦现尚未
要大量柴炭运行馆之用奉　嘱请拟具方案等京呈核」等由查本　院产新日不惟其细以招待外宾及中
拟具等因奉此遵查本市房屋独立疏寥经案摘摘目大量数为贸易及其他管洞
所包用对於招待来往贵宾缓宜等问题殊难用有设立招待所之需要然此百
老汇大厦全部其新房间二百间公高五十四所现模颇具规如以全部作为招待所之用
其规模宏壮尚可观而在本府目下经济紧独之际恐难於自筹如许钜额经费签请
经费约略业行拟具此百老汇大厦之处理方法则敬饮资请
鉴於如属可行再行详议方案

一、本市房之海外招新闻记者居迟未来除令其迁移故
晋留营救将来由中央借款收取租金

二、17 11 12 三层全部作为设立招待所之用

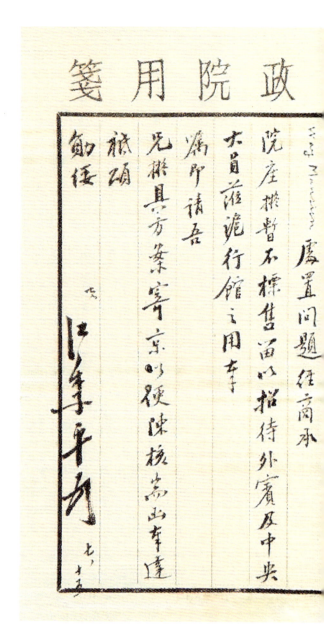

廈置問題任商承

院座擬暫不標售囤以招待外賓及中央

大員蒞滬行館之用本

擬即請吾

兄併其方案寄京以便陳核嵩山本達

妥頌

勛綏

上海市政府关于百老汇大厦处置办法的文
件 2（原藏上海市档案馆，上海大厦提供）

二是产证先过苏浙皖区敌伪产业处理局户，以中央信托局为代表人，于成交后，再过户给承购人；三是出售之房屋，一律先期腾空，于成交之日交屋。[58]

此时关于百老汇大厦的出售情况众说纷纭，有人说不久就要以 200 万美元出售给某显要；又有说因价值过高，恐无人能单独承办，将拟改为股票方式出售。5 月 30 日，敌伪产业处理局接受记者采访时发表声明称，迄目前为止，该局绝未有提出将该厦标售之拟议，外传标售各节，均无根据。该厦现由美军借用，最近曾由中宣部指令拨出该房屋二层，供盟国记者暂时驻用。现在据说有市政府人员居住于该厦中，但该局并"无案可稽"。[59] 可是谣言依旧不断，有人说百老汇大厦已经审议会通过标售，底价合法币 110 亿元。[60] 又有人说，江一平律师已经预备出 300 万美金购买，还预备再用 600 万美金来修理改建。[61] 更有人半真半假地开玩笑说："要出资百万万元，将这座上海最繁华的百老汇大厦购下，尽庇数十万贫民窟的贫民。"[62]

玩笑归玩笑，事实上正如当时媒体所分析的，即使政府有意出卖，也不可能实现成交，其中原因首先当然是价格太高，在当时的经济环境下根本不太可能有人会有如此大的财力购买百老汇大厦；其次，就算有人有能力购买，但是无论是美军还是那些来自西方的"无冕之王"，要把他们请出来都不是那么容易的事，而如果房客不能出清，那么买下来仅仅意味着获得产权，根本无从利用。[63] 此时行政院也正在和上海市政府商量如何处理这所大厦。据档案记录，7 月 15 日，宋子文的秘书江季平致信给时任上海市长的吴国桢，信中写道：宋子文决定对上海百老汇大厦"暂不标售，留以招待外宾及中央大员莅沪行馆之用"，希望吴国桢拟具方案。7 月 26 日，吴国桢回信给江季平，经市政府交际科调查，"本市房屋缺乏，旅舍经常拥挤，且大多数为盟军及其他机关所包用，对于招待往来贵宾住宿等问题殊难应付，因有设立招待所之需要”，但是“百老汇大厦共有房间 200 间，公寓 54 所，规模颇巨，如以全部作为招待之用，其经费当属可观”。在上海市政府“目下经济紧拙之际，恐难于负担如许巨额经费”。因此拟订了几项处理方法原则，一是大厦 13、14、15、16 四层，已配给外国新闻记者俱乐部，未便令其迁让，应该暂维持现状，将来由中央信托局收取租金；二是将 11、12、17 三层全部作为设立招待所之用；三是其余各层及饭堂则拟招商承包，以负担招待所之开支；四是大厦管理、清洁则由上海市政府负责。[64] 上海市拟定的方案得到了宋子文的首肯，决定按照这一方案开始实施。然而正当上海市政府和行政院按照既定方针实施的时候，情况突然发生了变化。蒋介石出面，将百老汇大厦的管理权交给了励志社。10 月 2 日，《申报》报道：“据敌伪产业处理局负责人宣称，大厦标售之议决定取消，将由国防部接管，充作励志社上海之社址，以招待军政要员眷属及外宾之用。现该大厦由美军管理使用，底层出租之铺面则由中央信托局地产处按月收取租金，该厦日内将由励志社接管云。”[65]

这励志社又是什么来头呢？励志社创立于 1929 年 1 月 1 日，前身是“黄浦同学会励志社”，社长就是蒋介石本人。励志社原意是模仿日军“偕行社”组织而创办的，这是日本军队激励士官忠君爱国，拥护军国主义的法西斯组织。蒋介石成立励志社，是想以此培植亲信势力，成立一个秘密组织。但是长期担任励志社总干事的黄仁霖是蒋宋婚礼牧师余日章的女婿，深得蒋介石和宋美龄的信任，他秉承着宋美龄的旨意，将励志社变成了一个国民党达官贵人和高级将领的招待机构。所以蒋介石日后只好另起炉灶，组织了复兴社。

有人认为这个励志社就是蒋家的后勤部，正如有文章所指出的那样：“因为要为蒋宋办理种种私事，黄仁霖就拥有了别人所无法具有的权力，可以直接进出蒋的官邸，而不用像一般其他官员那样，见蒋宋先得通过侍卫人员，他更不需约定时间，随时可以进入。"抗战时期，重庆最高级的旅馆，投资者是孔祥熙等财阀，而出面经营管理的则是励志社。抗战后期，由于来华作战的美军数量众多，需要中国供应其住房和伙食，有着留美经历和管理经验的黄仁霖自然就成为首选。当时由励志社建立的美军招待所达194个，遍布全国，深受美国人欣赏的黄仁霖由此更是权倾一时。[66] 当时新闻媒体也拍马屁，称"励志社任务崇高，为军人谋取福利"。[67]

不过国民党内部对励志社向来瞧不起，他们给励志社起个外号，称之为"尖、卡、斌"。尖者，不大不小；卡者，不上不下；斌者，不文不武。说它不大，它比不上国民党其他党政机关；说它不小，它在全国都有分支机构。说它不上，它仅仅是一个服务机构；说它不下，社长是蒋介石。说它不文，它的工作人员都穿军装，主管文官升降的考试院铨叙部不认账；说它不武，专司武官铨叙人事的国防部第一厅根本不把它的工作人员当作武官看待。但就是这种四不像组织，却为蒋介石、宋美龄所倚重。[68] 此次蒋介石让他负责百老汇大厦，一度让行政院和上海市政府颇为不满。据当时报道称，励志社是一个军人俱乐部，但一般军人很少到励志社去的。所以军队方面，早已不满意黄仁霖。但黄因战时侍应美国人非常地好，美军将领常在蒋主席面前夸口却尔斯黄如何地好，蒋主席也就把黄视作招待专家。当时军事机构改组，国防部成立，白崇禧就想把励志社撤销，以节国帑。黄也无奈何。事有碰巧，美军眷属要来华，蒋主席特地召见黄仁霖，叫他好好招待。黄于是乘此机会，大诉其苦。蒋主席答允了励志社不撤销，仍令中信局照办。宋子文知道了，大叫："国家财政又少百百万元来弥补。"黄也不示弱，逢人在说："百万万元，有何希奇，美军一高兴，二百百万万也有得来。"[69]

不过以黄仁霖的精明，励志社不可能去得罪行政院和上海市政府，所以仍然按照当初上海市政府的计划，将其中 17 层拨为其招待所之用，之后上海市府又和外国记者俱乐部调换，改为了 13 层。[70]《文汇报》记者王坪 1946 年在这里采访胡适时便说：耸峙在苏州河畔的百老汇大厦里，多半住着洋人，只有最高一层是留给要人们歇足的。他在那里会见过叱咤风云的薛伯陵将军和虽然想再教教书但仍然做着行政院秘书长的蒋梦麟先生。采访胡适时，他也看到了教育部次长杭立武、教育局长顾毓琇、副局长李熙谋等，不久，吴国桢也到了。[71]另外，当时国民党中宣部部长彭学沛曾担心励志社接管后，会影响外国记者俱乐部的居住，专门写信给上海市政府，指出："给予外记者以该大厦房屋之租用权，曾先后奉主席及宋院长允准。无论其管理权有否转移，为便外记者安定生活，并使联络计，似应续予供给。"[72]其实他的担心也是多此一举，励志社是靠着外国人过日子的，他们又怎么会把这棵摇钱树赶走呢。美国记者约翰·罗宾逊后来就回忆，百老汇大厦上的这个外国记者俱乐部是"亚洲最好的记者俱乐部"，他们是"从头到脚都被仆人伺候着"。

美军的日子更是舒服。曾经在百老汇大厦内住过一阵子的美国战斗机飞行员比尔·邓回忆道："刚刚进驻时候，大厦房间里没有一张床，因为日本人习惯的是睡垫子。我们赶紧联系酒店经理，一个白俄罗斯移民，他叫来了一大批中国人，为美军一一地布置好了床。"[73]而另一位美军格里特斯则大赞大厦"设施精美，让住的人有一种身处上流社会的感觉""床不是弹簧床，但很舒服。厕所值得特别赞扬，马桶冲一次就干净了，浴盆上方还有淋浴"。大厦设施齐全，军官俱乐部、军人服务社、高级餐厅和服务生应有尽有。[74]

1948 年 2 月，《新闻报》上刊登了署名陆士雄的文章，他在沪江大学的同学李柏莹服务于励志社，常驻百老汇大厦，招待美军及管理房屋事宜，邀请他前往参观，他在文章中叙述了在大厦中的见闻：

正门入口处有美军宪兵（俗称 MP）守岗，进入大厦时，须先向宪兵登记姓名，访问何人，并领取访客卡，方许入内。大厦共高 22 层，自底层以至 2 层为励志社所管理，专为美军官宪暨眷属等起居之所。13 层以上为国际宣传处，世界各国的驻沪通讯记者或特约访员，大都寓居于此。在 17 层尚有国际记者的俱乐部。大厦 2 层的餐室，专备为美军官宪进餐之用，华人概不招待。听说那边一切饮食材料，鸡鱼牛肉等类，除自来水以外，都由美国运来。每餐计价美金五角。他们这些访客也只能在同学的房内用餐。同学所住的是一间单身的房间，约丈余见方，附有浴室，房内温度常在八十度（华氏）左右，在里面须卸去外衣，穿着衬衫已够，其情形恰如初夏。大厦后部，有一座很大的汽车库房，高共四层，因为车辆众多，所以屋顶平台上，也停满了汽车。在上海，屋顶上放着许多汽车的，尚属初见。美军在大厦内每星期可以看 4 次电影，凡是好莱坞的电影，到中国以后，必先供美军们观看，再入市公映。大厦内放映的电影，无论是哪一种，绝对禁止国人观看，为的是保障影片公司利益。大厦内设有合作社（Post Exchange）简称 P. X。那边出售的各种物品，都非常便宜，仅及市价之半，非军人不得购买。[75]

可见这个时候，除了外国人还有少数高级华人之外，大多数中国人对于百老汇大厦其实是不得其门而入的，大厦内外完全是两个世界。那些外国人经常会打开窗户看着外面这个不同的世界："从我们外国记者所住的十七层楼百老汇大厦遥望，沿外滩的一排巨厦可以一览无遗。而靠近我们的是苏州河，河上广集着无数小船，船中住若干百个家庭，过着穷困的生活。妇女在甲板上做事，孩子在甲板上玩耍。多数孩子都用绳束来牵牢，免得他们翻到河里去。洗净的衣衫晾在竹竿上好像旗帜一样。黄浦江上停泊着海船、江轮和军舰。四周广集着帆船、拖驳和舢板。"[76] 而出了大厦门，从北苏州路走到外白渡桥，到处有小偷、乞丐出没。1947 年 2 月 28 日，警察局曾出示一份刑事调查报告书，称美军刑事侦查处来文，说最近数月屡次接获美军及眷属在百老汇大楼附近被扒窃财物之报告，请求警察局采取必要防止行动。又称该处有各种小贩徘徊，见有美军属出入，即一拥向前，包围兜售物品，驱之不散，不胜其烦。请求常驻一警察，随时肃清该处小贩。[77] 妓女更是屡见不鲜，当时有首诗便这样写道："百老汇大厦的墙根，癫狂的风，东撞西冲，像美国兵，骄傲而又色情，用力无耻地搂抱，衣衫最薄的女人。"[78]

随着政局的每况愈下，形势也在迅速发生变化。1949年 1 月 28 日，美军宣布自清晨起撤离百老汇大厦，仅余少数卫队继续留驻。美国经合分署择定百老汇大厦为办公处及职员宿舍之用，等驻厦美军迁出后就迁入。[79] 美军撤离后，励志社的使命也随之结束，励志社第七招待所不久就撤销了。此后外籍驻华记者协会向中央信托局敌伪产业管理处租赁使用。[80] 当时负责驻华记者协会的是华尔夫，在他的推销下，法国新闻社、美国新闻处、经济日报等均搬了进去，如《生活》《时代》记者罗伊·罗恩（Roy Rowan）、《纽约时报》的华尔特·沙利文（Walter Sullivan）、NBC 的阿摩司·兰德曼（Amos Landman）、ABC 的朱瑞安·舒曼（Julian Shuman）、英国每日镜报的哈里森·福尔曼（Harrison Forman）等[81]，此外粮食部粮食紧急购储委员会及渔管处也做了这大厦的房客。从前人头攒动的酒吧成了记者们专享的酒吧，美军留下的两辆吉普车，成了记者俱乐部的公车。根据当时的新闻报道，此时百老汇大厦在历经折腾后，虽然才不过十岁出头的年纪，却已经像是个饱经风霜的老人："好像是家破落户，房间里及走廊墙壁上的油漆已经剥落，各处电灯又暗，竟有些阴沉沉。"所以洋记者常常说："这是褪了色的百老汇。"不过在大厦 17 层餐厅，每星期有 3 天有夜舞会，可以狂欢。[82] 由于时局不靖，当时很多驻地不在百老汇大厦的新闻记者也经常会去百老汇大厦呆着，借酒消愁。比如说美联社特派员弗莱德·汉普桑（Fred Hampson）的办公室在法租界，但他和他的妻子玛格丽特经常会去百老汇大厦参加各种各样的派对。[83]

四、黎明之前：百老汇大厦工人的抗争

著名的美国进步记者安娜·路易斯·斯特朗也曾在这一时期住在百老汇大厦，她目睹在这黎明前的黑暗中发生的种种："我有相当多的机会可以看见处在国民党统治压力之下，以及几乎必须说是处在美国占领之下的上海生活的某些方面。很多美国军队，它在法律意义上是中国的抗日盟军，驻扎在上海。当我走向街头时，我可以看到美军对待市民们的傲慢行为。有一次一辆汽车，满载着美国兵，在街上高速行驶，突然间改变方向，窜到马路的另一边，以便在那边拐弯处停车。结果，给中国人造成了相当大的交通困难，使人力车和汽车挤到了一起，都不得不停下来，甚至还得倒退。我还想起来，有些学生大胆进入百老汇大厦来找我，当时我对他们的安全是多么的不放心，因为他们很可能被蒋介石的警察所逮捕。"[84] 百老汇大厦见证了这黑暗，同时也见证了在这黑暗中的反抗。

1946 年 12 月 30 日，为抗议驻华美军强暴北京大学先修班一女学生，北平学生举行示威游行。抗议驻华美军暴行的运动由此掀起。12 月 31 日，上海市学生抗议驻华美军暴行联合会宣告成立。1947 年元旦，全市学生举行抗暴示威游行。1 万多同学于外滩，包围了美军驻扎的百老汇大厦，郁积在同学们心头的愤恨，终于像火山一样地爆发了。大家散发标语传单，高呼"美军从中国滚

回去"，唱起《大家起来赶走美国兵》的歌，更有勇敢的同学们爬上屋顶扯下美国旗。[85]

在百老汇大厦工作的人们更是直接受到美军和国民党政府的欺压，他们也开始起来反抗。1946年2月，百老汇大厦工人因"待遇欠薄"，不能维持生计，要求美方增加工资。结果美方不但不加工资，反而开除了14名工友，更让工人气愤的是美方在开除中国工人的同时，却又增添了4名俄籍员工，而且还让之前被裁的一个外国员工锡尔佛复职。全体职工鉴于这种种不平等，忍无可忍，呈文向当时的上海社会局投诉。社会局调查属实，且也认为"无理"，但美方仍无答复。工人们决定于3月8日发动罢工，并提出数点要求：一是收回开除职工的成命。二是调整待遇，自2月16日起，依照本埠三大饭店华懋饭店、华懋公寓、都城饭店已调整所给之薪金为最低标准，务必同工同薪。三是加薪之后，美方不得采用报复手段无故或小过失开除代表者及任何之员工，以冀得到合法之保障。四是凡服务于大厦之华人职工，如发生病灾，而资方须得照付薪津，不得借口推诿，以资保障。五是所有在职之员工，每星期须休假一天，工作每日不得超过8小时，如超过8小时照双日计算，每年应给长假半月，薪金照给。如自愿放弃长假者，须另给赏金半月。六是请由资方拨款筹备职工联谊会，并给会址。[86]

然而大厦经理德雷兰中尉不仅对这些合理要求置之不理，更直接出动宪兵队，将全体职工赶出大厦。格里斯特回忆，当时大约25名配有冲锋枪、手枪和防暴器材的宪兵包围了整个饭店，动用了武力。当时新闻媒体报道："时值天寒，午后风紧雨密，该批工友鹄立门外，颤抖不已。"后经社会局派员向经理接洽，美方才答应以二人为一组，挨次入内，携取私物。美方还宣布，本厦现为美军管理，内住美兵，全体工役驱逐后，所有电梯司机、清洁及其他一切杂役均由美兵亲自处理。[87]3月9日，社会局与负责上海大厦的美军总部施阁脱上校交涉，傲慢的施阁脱强硬地说，根本不可能答复劳方的条件，全体复工更是绝不可能，其中一部分多事者更是非解职不可。他还说，之前已经声明在前，不要怠工或罢工，否则定当停止工作。他更宣称，原有工人之职务均由美军执行，工作进行颇为顺利。可事实上，据格里斯特回忆，当时大厦内根本就是一团糟，美国兵挤满了餐厅和电梯，电梯根本没法工作。罢工一天不结束，这些美国大兵就得自己洗衣服，打扫房间。他当时感叹：我这样好吃懒做的美国人该怎么办呢？他只能往盆子里注了热水，把一些洗衣粉倒进去，让它们自己泡。[88]

这样的情况当然无法长久继续，但是美国人还要维持其脸面，所以他们暗地里让大厦的几位职工头目出面，将被开除工人14人安插于大楼内其他部分或介绍他处，由美军总部按照华懋饭店、华懋公寓、都城饭店职工的薪金标准进行发放，其他职工则全部复工，这场工潮于3月11日中午12时宣告解决。

但是事情到此仍未结束，到7月份，美军又借口节省开支，开除了11名职工，9月份又开除21人。社会局再次前往调解，美军声称：大厦所有员工均系美军雇员，美军现在决定局部撤离上海，一旦美军全部撤离，大厦员工将会全部被裁。不过裁减员工之前，会提前两星期通知，并按美军总部规定，发放遣散费。社会局认为美军此举"格于环境，似尚无不合"[89]。但其实细究起来，就算美军撤离，大厦自然会有人接管，根本就没有必要将员工全部裁减，这其实还是针对几个月前罢工的报复行为。

到了1947年，由于国民党在战场上的失败，导致了经济的崩溃，物价飞涨，民不聊生，百业凋敝，怨声载道，而主人从美军换成励志社的百老汇大厦也同样陷入了水深火热之中。1945年10月，国民党政府制定了"收复区工资调整办法"，规定以"生活费指数"为调整工资的标准。1946年初，在上海开始实行。办法具体内容是：由国民党上海市政府统计处按期发表"生活费"指数，各企业

北苏州路社会风情（虹口区档案馆提供）

北苏州路社会风情（虹口区档案馆提供）

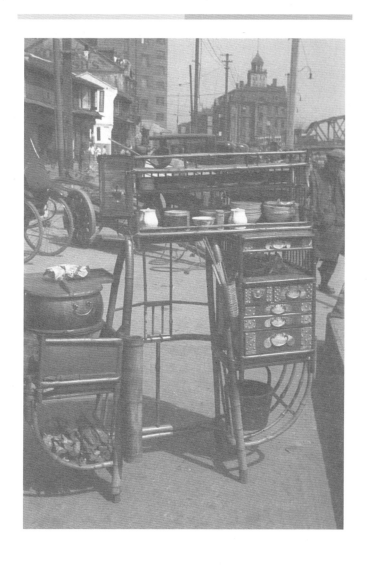

北苏州路社会风情（虹口区档案馆提供）

根据职工底薪，乘以"生活费指数"，以此得出的工资的货币数额发给职工。当时众所周知，"生活费指数"明显低于物价上涨指数，但是对于普通职工来说，聊胜于无，也可以解决一些生活上的困难。百老汇大厦在美军接管时，便按照这一标准发放工资，虽然当时存在劳资纠纷，但职工还觉得"其时待遇尚能维持最低之生活"。自1947年1月，励志社接管之后，情况却急剧恶化，其薪水发放并没有严格的标准。百老汇大厦员工的工资便其"随便主张之发给，并于当月取消指数，改为公教人员薪给制，但又未能悉依照公教人员薪给制之办法，如既无食米实物配给，又无差额金补贴"。据档案显示，百老汇大厦当时一共有196名员工，实行底薪制，底薪80元的45人，70元的86人，60元的49人，55元的1人，50元的9人，45元的3人，40元的3人，而且这个底薪又按折扣发给，其中80元者8折，70元、60元的7折，60元以下6折，同时再加津贴，标准为80元者的50000元，70元、60元者40000元，60元以下30000元。这样就导致了工资愈低，折扣愈大，津贴愈少。自是年5月份起，由于物价涨幅过猛，每人再发放20000元，但是强调膳宿自理。这在当时的物价形势下，显然难以维持生活。而且工人认为自己是职工，不应该采取这种"不类不似"的"公教人员薪水"。为此，工人提出两个要求，一是取消折扣；二是要求按生活费指数发放，或者实行实物配给。[90]

此次，百老汇大厦的工人并不是孤身作战，而是受到了上海市西餐咖啡舞厅业职业工会的支持。在工会的组织下，大厦工人向社会局提交了投诉。社会局找到了当时励志社在上海的主持人，位于中正南二路的上海第二招待所负责人王光。王光声称，励志社为特殊组织，一切办法均由南京总部规定，上海区部未便变更。社会局只能向社会部呈请解释，这个励志社究否政府机关，如有劳资纠纷，应否调处。1947年6月21日，社会部部

苏州河桥上的乞丐（虹口区档案馆提供）

长谷正纲下达指令称："励志社并非政府机关，该社所属招待所职工工资调整，以往非按生活费指数计算，自可由劳资评断委员会参照实际情形予以评断，如劳资发生争议，可依劳资争议处理法及复员期间劳资纠纷评断办法处理。"7月8日，《大公报》将这一指令披露。[91] 励志社看到报纸后，不仅不按指令对工资进行调整，还专门发文指责社会局，认为整个事件是因为"百老汇大厦工友不遵守政府公务人员身份，竟擅以工会会员名义请求贵局调解"。而社会部将消息擅自披露给报纸，"工友设或托词要求，倘有越规行为发生，孰负其责""殊堪引起不良后果"，要求社会局"设法更正为荷"。由此可见，励志社自恃其身份特殊，根本不把社会局的调解当回事，到了10月31日，更是以奉命紧缩裁减员工为借口，开除了9名员工。[92]

　　如前所述，此次百老汇大厦工潮与上次不同，受到了上海市西餐咖啡舞厅业职工工会的支持，大部分与社会局沟通的工作均由工会进行，工会也积极地代表工人与资方谈判。上海市西餐咖啡舞厅业职工工会成立于1946年春，就在8月，共产党员刘宰权根据党组织联系人沈涛的意见，参加了工会的活动，随即在其中开展工作。当时有部分"工福会"和"三青团"分子企图控制工会，刘宰权率领一些进步的工人进行抵制，并于1947年11月成立了工会党支部，由刘宰权任书记。到了1948年10月，工会第三次改选时，工会基本上已经被我党和进步力量所主持。[93] 在党的领导下，百老汇大厦工人的斗争取得的成果也越来越大。1949年2月，励志社上海第七招待所撤离后，负责管理大厦的外籍驻华记者协会本拟开除大部分员工，仅留下少数人。[94] 还是由西餐咖啡业职工工会代表和外籍驻华记者协会磋商，保证了职工留用，并规定底薪逐月按生活指数计算[95]。

　　1949年5月8日，外籍记者俱乐部发出通告，退出该大厦并放弃管理权。[96] 当时情形一片混乱，西餐咖啡业职工工会组成工人自我管理，以确保大厦财产不受损失，以顺利迎接解放。当时百老汇大厦由于目标太大，经常受到骚扰，据《大公报》说，常有很多保安警察搬进来，把很多外国人吓跑了。可是第二天，又听说这些警察勒索了一千余元美金之后又离开了，理由是该大厦没有什么战略上的重要性。而到晚上，又有其他番号的部队跑了进来。[97]大厦员工就是在这样困难的环境下，尽可能地保证了大厦财产的安全。

值得一提的是，当时上海的士绅汪代玺、聂传贤曾经担心战争会给百姓带来伤害，因此曾向国民党京沪杭警备总司令部和上海市政府申请，要在百老汇大厦内建一个平民医院，这个提议当然最终未能得到国民党方面的允准。[98]当时人们并没有想到，国民党想用这座大厦来进行最后的顽抗。

注　释

1、　《外虹桥以东人迹已绝》，《申报》1937 年 8 月 15 日第 6 版。

2、　【美】伦纳德著，刘万通等译：《我为中国飞行：蒋介石、张学良私人飞行员自述》，昆仑出版社 2011 年版，第 157—158 页。

3、　上海市虹口区志编纂委员会：《虹口区志》，上海社会科学院出版社 1999 年版，第 785 页。

4、　《沪英商所蒙损失日应负赔偿之责》，《申报》1937 年 8 月 21 日，第 5 版。

5、　《上海日报》第 101 号，1904 年 7 月 1 日，转引自【日】高冈博文著，陈祖恩译《近代上海日侨社会史》，上海人民出版社 2014 年版，第 49 页。

6、　《岛津四十起》编《上海案内》，金风社 1924 年版，第 45—46 页，转引自【日】高冈博文著，陈祖恩译《近代上海日侨社会史》，上海人民出版社 2014 年版，第 51 页。

7、　周志正：《日本人在上海》，虹口地方志办公室编《虹口区文化史志资料选编》第 12 辑，1994 年版，第 59 页。

8、　《沪敌兵又肇事》，《大公报》1938 年 1 月 11 日第 2 版。

9、　《百老汇大厦待役释回》，《申报》1938 年 10 月 31 日 11 版。

10、　《日方购百老汇大厦，谈判尚未同意》，《申报》1938 年 12 月 11 日 12 版。

11、　《百老汇大厦传已出售日人》，《新闻报》1938 年 12 月 25 日第 5 版。

12、　《百老汇大厦设立烟禁局》，《新闻报》1938 年 12 月 20 日第 4 版。

13、　《日机关集中百老汇大厦》，《时报》1938 年 12 月 27 日第 2 版。

14、　《百老汇大厦交割竣事》，《新闻报》1939 年 3 月 8 日第 4 版。

15、　薛理勇：《老上海房地产大鳄》，上海书店出版社 2014 年版，第 177—178 页。

16、　上海市档案馆编：《日本在华中经济掠夺史料》，上海书店出版社 2005 年版，第 104 页。

17、　《上海恒产公司呈报购买百老汇大厦文件案》，上海市档案馆藏档案 R16-1-15。

18、　*Land Investment Co. Meeting*，The North‒China Herald，Mar 23，1939，pg.5.

19、　《百老汇大厦旅客纷纷退租》，《申报》1939 年 3 月 21 日第 10 版。

20、　*Broadway Mansions Change Hands*，The North‒China Herald，Mar 29，1939，pg.546。

21、　《上海恒产公司呈报购买百老汇大厦文件案》，上海市档案馆藏档案 R16-1-15。

22、　张铨等：《日军在上海的罪行与统治》，上海人民出版社 2000 年版，第 311 页。

23、　朱伟：《业广公司及其大楼》，上海市历史博物馆编《都会遗踪》第 11 辑，学林出版社 2013 年版，第 109 页。

24、　*Broadway Mansions Changes Hands*，The North‒China Herald，Apr 5，1939，pg.15.

25、　【日】山口淑子，藤原作弥：《她是国际间谍吗？日本歌星、影星李香兰自述》，中国文史出版社 1988 年版，第 251 页。

26、　《上海恒产公司呈报购买百老汇大厦文件案》，上海市档案馆藏档案 R16-1-15。

上海大厦
BROADWAY MANSIONS

27,《昨仍滞留香港，汪精卫并未来沪》，《申报》1939年1月4日第10版。

28,《汉口伪"高等法院院长"凌启鸿沐猴而冠》，《申报》1939年3月21日第11版。

29,《港方所传汪精卫之行动》，《申报》1939年5月24日第4版。

30,《汪精卫在沪设办事处》，《申报》1939年5月8日第8版。

31,《百老汇大厦出现鬼》，《新上海》1947年第51期第8版。

32,《日方自由行动拘捕俄人三名》，《申报》1939年5月5日第10版。

33,《通敌白俄受审》，《申报》1947年2月5日第6版。

34, 经盛鸿、经珊珊著：《抗战往事1931-1945》，团结出版社2016年版，第416-419页。

35,《百老汇大厦出现鬼》，《新上海》1947年第51期第8版。

36,【美】魏斐德（Frederic Wakeman, Jr.）著，芮传明译：《上海歹土：战时恐怖活动与城市犯罪1937-1941》，上海古籍出版社2003年版，第7页。

37,《上海西区毒品弥漫可怖》，《申报》1939年2月23日第14版。

38,【美】魏斐德（Frederic Wakeman, Jr.）著，芮传明译：《上海歹土：战时恐怖活动与城市犯罪1937-1941》，上海古籍出版社2003年版，第7页。

39,《反对增捐》，《申报》1939年6月25日第15版。

40,《沪市四郊毒氛弥漫，遍地组设贩土机关》，《申报》1939年3月20日第10版。

41,《敌伪在沦陷区施行毒化政策的情况（1943年6月）》，河北省委党史研究室编印《日本鸦片侵华资料集1895—1945》2002年版，第137页。

42,《百老汇大厦新开华丽赌场》，《申报》1939年7月27日第9版。

43,《百老汇大厦内赌场停业敬告》，《申报》1939年7月31日第10版。

44,《沪西赌风变本加厉，租界当局决心禁绝》，《大公报香港版》1941年1月23日第5版。

45,《铜二百万元巨窃案窃犯竟漏网》，《申报》1940年10月12日第11版。

46,《巨值铜块被窃案，窃犯恬不知耻》，《申报》1940年10月13日第10版。

47, 孙石灵：《狭的天地》，《鲁迅风》1939年7月第17期。

48, 尹骐：《潘汉年的情报生涯》，中共党史出版社2018年版，第79—82页。

49, 杨植峰：《译者序》，【美】阿班著，杨植峰译：《一个美国记者眼中的真实民国》，中国画报出版社2014年版，第1—10页。

50,【美】阿班著，杨植峰译：《一个美国记者眼中的真实民国》，中国画报出版社2014年版，第298—299页。

51,《亚朋事件仍在调查》，《申报》1940年7月25日。

52,【美】阿班著，杨植峰译：《一个美国记者眼中的真实民国》，中国画报出版社2014年版，第301页。

53, 张铨等：《日军在上海的罪行与统治》，上海人民出版社2000年版，第343页。

54,《谷大使发表谈话》，《申报》1945年7月1日第1版。

55,《国际法庭法官梅汝璈等抵沪》，《申报》1946年5月18日第4版。

56,《外国记者赁居百老汇大厦》，《新闻报》1946年5月29日第4版。

57, 吴景平：《抗战结束后的上海经济接收》，《东方早报上海经济评论》2013年6月25日。

58，《本市敌伪房地产出售方式分三种》，《申报》1946 年 5 月 4 日第 4 版。

59，《标售老汇大厦，处理局否认此说》，《申报》1946 年 5 月 30 日第 4 版。

60，《百老汇大厦决予标售》，《申报》1946 年 9 月 22 日第 4 版。

61，《标卖百老汇大厦不愁无买主》，《立报》1946 年 9 月 27 日第 3 版。

62，《沪报》1946 年 10 月 3 日。

63，《百老汇大厦的命运》，《戏报》1946 年 11 月 25 日第 2 版。

64，《上海市政府关于百老汇大楼处置办法的文件》，上海市档案馆藏档案 Q1-17-496。

65，《百老汇大厦不标售，充励志社上海社址》，《申报》1946 年 10 月 2 日第 6 版。

66，苟坤明：《黄仁霖与励志社》，《民国春秋》1998 年第 1 期。

67，《励志社任务崇高为军人谋取福利》，《申报》1946 年 12 月 18 日第 5 版。

68，关林：《励志社》，《钟山风雨》2004 年第 4 期。

69，《百老汇大厦易主》，《新上海》1946 年第 40 期，第 7 页。

70，《上海市政府关于百老汇大楼处置办法的文件》，上海市档案馆藏档案 Q1-17-496。

71，《五四时代的老战士胡适之博士回来了》，《文汇报》1946 年 7 月 6 日。

72，《上海市政府关于百老汇大楼处置办法的文件》，上海市档案馆藏档案 Q1-17-496。

73，转引自王唯铭：《苏州河，黎明来敲门：1843 年以来的上海叙事》，上海人民出版社 2015 年版，第 210 页。

74，【美】卢·格里斯特著；李淑娟，郑涛译：《我最亲爱的洛蒂：一个美国大兵写自 60 年前的中国战区》，新世界出版社 2005 年版，第 283 页。

75，陆士雄：《百老汇大厦》，《新闻报》1948 年 2 月 16 日第 12 版。

76，罗伯特·摩尔：《扬子江边》，转引自邢定康等编《上海游屐：民国风情实录》，东南大学出版社 2017 年版，第 217 页。

77，《上海市警察局刑事处关于取缔百老汇大楼附近小贩及并防范扒窃案》，上海市档案馆藏档案 Q131-51-2740。

78，吴越：《申江杂谈：百老汇大厦的墙根》，《人世间》1947 年第 5 期。

79，《美军当局宣布撤离百老汇大厦》，《新闻报》1949 年 1 月 28 日第 4 版。

80，《百老汇大厦职工决留用》，《立报》1949 年 2 月 10 日第 3 版。

81，王向韬：《一九四九：在华西方人眼中的上海解放》，上海书店出版社 2020 年版，第 12—13 页。

82，《百老汇大厦沧桑录》，《大公报香港版》1949 年 3 月 15 日第 7 版。

83，【英】保罗·法兰奇著，张强译：《镜里看中国》，中国友谊出版社公司 2011 年版，第 304 页。

84，【美】斯特朗著，陈裕年译：《安娜·路易斯·斯特朗回忆录》，生活·读书·新知三联书店 1982 年版，第 11—12 页。

85，金家秀：《美国兵滚出去：记元旦上海学生抗议美军暴行万人大游行》，《评论报》1947 年第 6 期。

86，《百老汇大厦、西餐咖啡业工会与上海市社会局关于调整待遇、被革职工要求复职，被美军开除、失业所请救济、励志社第七招待所要求调整工资、解雇工人九名、年奖等纠纷来往文书》，上海市档案馆藏档案 Q6-8-275。

87，《百老汇大厦工役罢工遭驱逐》，《新闻报》1946 年 3 月 9 日第 3 版。

88，【美】卢·格里斯特著；李淑娟，郑涛译：《我最亲爱的洛蒂：一个美国大兵写自 60 年前的中国战区》，新世界出版社 2005 年版，第 288 页。

89，《百老汇大厦、西餐咖啡业工会与上海市社会局关于调整待遇、被革职工要求复职、被美军开除、失业所请救济、励志社第七招待所要求调整工资、解雇工人九名、年奖等纠纷来往文书》，上海市档案馆藏档案 Q6-8-275。

90，《百老汇大厦、西餐咖啡业工会与上海市社会局关于调整待遇、被革职工要求复职、被美军开除、失业所请救济、励志社第七招待所要求调整工资、解雇工人九名、年奖等纠纷来往文书》，上海市档案馆藏档案 Q6-8-275。

91，《励志社动职工薪给，可照指数评断》，《大公报上海版》1947 年 7 月 8 日第 5 版。

92，《百老汇大厦、西餐咖啡业工会与上海市社会局关于调整待遇、被革职工要求复职、被美军开除、失业所请救济、励志社第七招待所要求调整工资、解雇工人九名、年奖等纠纷来往文书》，上海市档案馆藏档案 Q6-8-275。

93，《上海西餐咖啡业职工工会大事记》，中共上海市委党史资料征集委员会主编，中共上海新亚（集团）联营公司委员会，上海酒菜业职工运动史资料征集小组：《上海酒菜业职工运动史料》，1988 年版，第 157-160 页。

94，《百老汇大厦职工解雇纠纷》，《新闻报》1949 年 2 月 4 日第 4 版。

95，《百老汇大厦职工决留用》，《立报》1949 年 2 月 10 日第 3 版。

96，《外籍记者迁离百老汇大厦》，《新闻报》1949 年 5 月 8 日第 4 版。

97，《上海解放了，追记解放前的魑魅魍魉》，《大公报香港版》1949 年 5 月 26 日第 2 版。

98，《上海平民医院筹备处为呈请拨给百老汇大厦楼房数层筹设平民医院的呈文》，上海市档案馆藏档案 Q1-16-215-7。

BROADWAY MANSIONS

上 海 大 厦

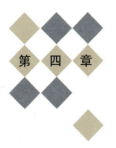

第 四 章

从百老汇大厦
到上海大厦

1949 年 5 月 26 日，上海解放，百老汇大厦终于回到了人民的手中。1951 年，百老汇大厦更名为上海大厦，从此开始了一段新的征程。

一、"瓷器店里捉老鼠"：战上海中的百老汇大厦

1949 年 4 月 21 日，人民解放军以排山倒海之势横渡长江。随后，第三野战军主力迅速挥师南下，对退居上海的汤恩伯集团形成战略合围。不久，蒋介石从奉化抵达上海，瞥见自己熟悉的外白渡桥时不胜感慨，梦想在这昔日的发迹地再遇好运。但到了此刻，国民党内部已经很清楚地明白大势已去。多年以后成为历史学家的黄仁宇此时还是国民党政府的国防部参谋，他正准备随国防部迁往广州。日后他回忆道："苏州河北岸去外白渡桥不远的百老汇大厦是中国最高的建筑，它在天空线上那样特殊。凡轮船驶向大海的时候，三个或四个小时后它的影像还是缠绵不去，直到东海之水，由黄色变为碧青，它方形影模糊，沪上近在咫尺。"解放军渡江前夕，他所乘的轮船在虹口码头解碇，在甲板上眺望的他已经在心中默默地与百老汇大厦作最后的一次告别。[1]

上海是建设新中国的重要基地，马上将要取得解放全中国胜利的中国共产党要保护好上海这座全国最大的都市。早在中共七届二中全会时，毛泽东就高瞻远瞩地指出："进入上海，对于中国革命来说，是过一大难关。""它带全党全世界性质。共产党有无能力接管城市，尤其是中国最大的城市上海，这关系到中国共产党在世界的形象。"为了做好解放上海的前期工作，党中央做了详尽的政治准备。党中央成立了庞大的上海接管工作班子——军管会，并任命陈毅、粟裕为军管会正副主任。同时，军管会有2万多人集中在江苏丹阳学习，史称丹阳整训。在军事方面，毛泽东在战前发出指示："打上海，要文打，不要武打。"经过衡量，决定战役分两个阶段进行，第一阶段是外围攻坚战，第二阶段是市区攻坚战。准备挑选一支过得硬的部队进攻上海市区，不许打炮，不准使用炸药包，使用轻武器与敌人逐街逐巷争夺。总前委陈毅司令员把这一阶段形象地比喻为"瓷器店里捉老鼠"，就是说老鼠要捉，瓷器还不能碰坏。为便于部队执行操作，陈毅还亲自起草了《入城三大公约十项守则》。当中共中央收到这个《守则》的草案时，毛泽东在来电上批复了八个大字——"很好，很好，很好，很好！"[2]

5月12日，解放上海的外围战打响。经过不到两周的激战，敌军自诩为"铜墙铁壁"的防御体系便被攻破，被迫龟缩在市区至吴淞口的狭小地带。此刻，曾表示"要与上海共存亡"的蒋介石早就从复兴岛溜走。23日中午，国民党上海市委负责人方治还在百老汇大厦宴会厅开了一场记者招待会，他对在场的外国记者说："诸位都是经验丰富，平衡报道的记者，我绝不怀疑你们向世界报道这场战役的责任，上海将会像斯大林格勒一样被坚守。"然后就在第二天凌晨三点，住在百老汇大厦的NBC记者舒曼就被电话吵醒，得知国民党军队已经开始撤退，而解放军先头部队已经进入市区。[3]

《华东局入城纪律十二条》

　　决战的时刻来到了。5月24日晚，第三野战军第27军、第23军、第20军分别从几个方向攻入市区。次日凌晨，苏州河以南的市区完好无损地获得解放。苏州河南解放后，部队发扬不怕疲劳、连续作战的作风，立即一鼓作气向苏州河北进攻。可是面对着30米宽的苏州河，解放军却遇到南征北战以来从来没有遇到过的一个难题。

　　虹口其实是整个上海战役的焦点。当时，国民党军队在上海的最高指挥机构是以汤恩伯为总司令的京沪杭警备总司令部，设在江湾路1号和10号大楼（今四川北路2121号）。在同一幢大楼里，还有淞沪防卫司令部、淞沪警备司令部、联勤总部上海港口司令部和通讯兵指挥部；在新亚酒店有交警总队上海市区防守兵团指挥部；在水电路有装甲兵指挥部和司令部；在溧阳路有工程兵指挥部；在大桥大楼有宪兵司令部；在武昌路9号和黄浦码头有海军第一军区供应总部；在海南路10号有空军供应司令部；在宝山路近宝兴路有第三战区兵站司令部；在北四川路2181号（今海军411医院所在地）有上海师管区司令部。虹口地区还驻有大量作战部队，其中有战斗力颇强的第21军（军部在吉祥路51号）第99师；有政治上非常反动、战斗力颇强的青年军202师第2旅（旅部在江湾文治路27号）；有青年军204师7374部队（驻百老汇大厦）及搜索营（驻邮电大楼）；有交警第六总队（驻新亚酒店）、交警第十一总队（驻昆山路147号）、交警第十八总队（驻邢家桥路196号）。国民党驻在虹口的军事机构最多时有99个，其中军以上6个，师、旅级6个，团级以下21个。这些情况都意味着解放军渡过苏州河，攻入虹口时，必将面临着一场恶战。[4]

如前所述，为把上海这座城市从敌人手里夺取过来，完整无损地交给人民，解放军在进入市区前，早就规定了部队进入市区后，一律禁止使用炮火轰击，只能以轻火力武器作战。但是苏州河一带的地形对我军非常不利，敌人凭借北岸的高大楼房和工厂、仓库等建筑，居高临下，交织成严密的火力网，封锁了整个河面和河南一条宽广的马路，在每个桥头还设有固定的碉堡，并有坦克流动巡逻。因此，解放军在通过马路夺占桥头时，一再受挫。尤其是进攻外白渡桥的部队，百老汇大厦、邮政大厦和附近楼房上敌人居高临下地进行机枪扫射，敌人的交叉火力把桥面封锁得"飞鸟不下"。

第27军第79师第235团1营是最先到达这里的部队。营长董万华立即组织部队攻打外白渡桥。敌人从百老汇大厦发射的火力很猛，解放军付出了巨大代价。三连指导员姜呼万和副连长孙宏英带领官兵冲到外白渡桥，冲在最前面的是渡江战役第一个冲上对岸的"渡江第一船"：七班的14名战士，他们刚冲到距桥头20多米的地方，就被百老汇大厦上发射的火网瞬间打到，全部壮烈牺牲在桥面上。紧接着，第二个班再次冲了上去，也全部牺牲在桥头上。第三个班又冲了上去，又全部倒在大桥中央。这些倒下的同志中，还有首破济南、荣获"济南第一团"光荣称号的班、排、连长，他们为了完整无损地解放上海，在苏州河畔流尽了最后一滴血。

1949年以后任上海统战部副部长，曾在上海大厦居住过很长时间的周而复在回忆录中写道，这一天，他的吉普到了外滩，在外白渡桥停了下来。桥旁有几个一人多高的沙包，枪眼对着北岸国民党残余的部队，解放军在守卫。哨兵迅速走过来说："对岸敌人还没有完全被消灭，不能再往前去了，听听，枪炮声响个不停。"周而复向北四川路方向看去，百老汇大厦像一座小山似的矗立在桥那边的岸上，再朝北望去，战火纷飞，硝烟弥漫，传来阵阵枪炮声。[5]

当时，还有 20 多个外国人被困楼内。美联社记者汉普森的妻子玛格丽特便在其中，他们一边讨论楼里的餐厅除了鸡蛋还有什么可吃的，一边偷偷匍匐到窗口附近看看外面的情景。路易艾黎的助手，工合委员会执行秘书汤森（Peter Townsend）则回忆："从百老汇大厦的顶上，能望见硝烟飘到河面上。在西部管制区，可见到烧焦的家园和商店，包括不少外资的不动产。难民涌进城市……当你把头刚刚伸出阳台栏杆的时候，一颗子弹便从你的头上呼啸而过，这让你以最快的速度缩回脑袋，赶紧将双手抱膝，乖乖地缩成一团。"[6]这时电话线已经切断，玛格丽特劝说士兵投降，可他们不是硬撑着说不久就会有撤退的命令下来，就是盯着邮政大楼，说只有看到那里挂起白旗，才能投降，这种固执的态度让外国人的神经日益紧张起来。[7]

翘首期盼解放的苏州河北岸的市民迟迟看不到解放军，心中不免焦急万分。1949 年 6 月 20 日出版的《新民主妇女月刊》创刊号上曾经刊登了署名"俞斌"的日记，"俞斌"即著名作家欧阳文彬。她在 5 月 25 日这天的日记中写道："这些日子，天天夜里在密密的枪炮声里睡觉，天天早晨带着热烈的期待和希望起来。今天一切如常，并没有什么特别的征兆。"当听到南区的朋友讲述解放后庆祝的热闹的情形时，她更是越听越羡慕，决定想去看看能不能跑到南区去。可是走到苏州河北，就不能走了。桥头上站着守卫的国民党士兵，不许人走近。听说隔河可以看见解放军的风采，大家都想挤到前面去，国民党士兵镇压不住，朝天开了两枪，大家只能掉头跑。

这时住的弄堂开始戒严，锁上铁门，不许出入，回来以后，就被封锁在里面。直到26日，夜报上大标题还赫然是"北区仍是恐怖世界"。[8]

更焦急的自然是桥头的战士们。很多人被这种暂时的挫折所激怒，因为急于取胜，急于为牺牲的战友复仇，纷纷要求解除禁令，启用所有的火炮轰击对岸敌人。有个师把榴弹炮营从郊区调来，瞄准百老汇大厦，再三要求开炮，军部未予批准。时任第27军军长的聂凤智日后回忆，为了了解前沿情况，他和军部几个同志到西藏路、北京路附近一个团的指挥阵地上，观察了一个多小时。观察结果就是在这样不利的情况下，不用炮火摧毁对岸敌人的火力点，要夺取桥头是很困难的。但是，一旦动用炮火，包括百老汇大厦在内的苏州河北岸的工厂、仓库和住房都将化为灰烬。

这时各师对禁用炮火的意见书如雪片般送来军部。有的说，我们是在打仗，不是在演戏，哪有不准使用炮火的道理？有的说，部队已经付出了伤亡代价，不能再让同志们作不必要的牺牲。有的说，当前必须牺牲沿苏州河北岸这个局部，才能消灭整个敌人，保全上海的整体。面对同志们的这些意见，聂凤智和军部领导商量决定召开军党委紧急会议，统一思想，再决定行动。会上多数同志主张解除禁令，但也有同志不同意动用炮火轰击，因此引起激烈的争论。有的同志激动地提出要请军部解释一下："是爱我们无产阶级的战士，还是爱官僚资产阶级的楼房？是我们同志的生命和鲜血重要，还是官僚资产阶级的楼房重要？"在这种情况下，为了正确执行党的政策，聂凤智坚定地表示，我们爱战士的生命，但我们今天是以主人的身份进入上海的，现在这些被敌人占据着的官僚资产阶级的楼房，再过几小时就为我们工人阶级和全国人民所有。因此我们必须想尽一切办法，尽最大的努力去保全它。

经过反复讨论，大家最后统一了认识，一致表示坚

上海大厦
BROADWAY MANSIONS

决贯彻党的指示，一定想尽一切办法，既要消灭敌人，又要完整地保全城市。大家分析，汤恩伯已败退吴淞口，残余敌人由警备副司令刘昌义指挥，军心动摇，内部非常混乱。因此，决定军事上改变战术手段，在苏州河正面采取佯攻，牵制敌人兵力，等天黑后将一部分主力拉出市区，在西郊一带涉过河去，沿苏州河北岸从西向东进攻市区。同时，与上海地下党取得密切联系，发动政治攻势，分化瓦解敌人，争取他们放下武器，确保城市完整。[9]

会议结束不久，81师政治委员罗维道同志通过上海地下党员田云樵同志，对敌51军进行策反工作，找到刘昌义，晓以利害，责以大义，刘昌义表示愿意谈判。晚7时左右，刘昌义来到约定地点，接受了我方提出的要求。[10]26日4时，27军从造币厂桥（今江宁路桥）以西的永安桥跨过苏州河，接防51军阵地，然后一路向东，当日下午便肃清了造币厂桥以东至外白渡桥一线守军，突破苏州河防线。

不过，刘昌义虽然在名义上是上海残敌的司令官，实际上除了他直接掌握的51军残部外，其余国民党青年军、交警总队等并不服从他的指挥，仍在继续顽抗，所以百老汇大厦的枪声此时仍未停止。这时，解放军一方面通过国民党市政府留下的代理市长赵祖康先生（解放后长期担任上海市副市长）往河对岸的大楼里打电话，劝其放下武器，迎接解放。另一方面，从苏州河西部敌人兵力布署较薄弱的地区突破，强行渡河，迂回到大楼的后面去打。时任第253团7连指导员的迟浩田，带两名战士从下水道中穿过，趁夜暗潜渡苏州河，如神兵天降般闯入青年军204师部，生擒1名敌上校副师长，迫使守敌师部及3个营守军缴械投降，至此，敌军苏州河正面阵地终于突破。

看到大势已去，邮电大楼里的守军首先挂出了白旗，可是百老汇大厦里还有204残部一个营的兵力仍坚守顽抗。尽管他们支持不住了,仍要保全面子。在电话里,他们通过赵祖康先生转告解放军,要求尊重他们的"军人人格",不要把缴械称为投降,结果双方又在电话里讨价还价起来。从下午2点一直打到4点半,反复商谈了两个半小时,最后达成了五条共识:第一,双方停战,第二,国民党驻军立即缴械,第三,凡国民党官兵愿意留下的,应进行整编,第四,不愿留下的,予以资遣,第五,尊重他们的"军人人格"。之后,赵祖康先生还与救济会李思浩先生等商讨协助百老汇大厦降兵借给粮食及接收事。至此,百老汇大厦,这个"战上海"的最后一个堡垒,终于回到了人民的怀抱。[11]

1949年5月27日早晨,解放军浩浩荡荡地开进了苏州河北岸,上海全城解放。此时朝霞把上海的天空映得通红,家家户户打开门窗,市民们拥上街头,给子弟兵送水、献花,用各种方式慰问这些赋予了上海新生的人。欧阳文彬走出家门,看到很多大楼都被破坏得厉害,没有一个窗口的玻璃是完整的,门前的铁柱上弹痕斑斑,有的子弹嵌了进去。过了四川路桥,她看见一辆卡车,装着牺牲的解放军战士。这些让她切实感受到了上海此战,牺牲实在不少,心头沉重得很。但是,上海终究回到了人民手中,人民抑制不住激动而兴奋的心情,迅速投入游行庆祝的队伍中去。她们唱着"我们的队伍来了",唱《解放进行曲》,唱《你是灯塔》,贴标语,喊口号,喊出过去压在心头不能表露的思想,喊出对旧势力的仇恨,对新社会的热情。这时忽然下雨了,而且越下越大,大家的头发和衣服全淋湿了,可是雨水淋不熄人们的热情。照样唱着歌,喊着口号,严肃地整队走着。[12] 当时在粮储会负责的杨显东和杨绰庵则在百老汇大厦顶上悬挂起了巨幅标语"热烈欢迎中国人民解放军解放上海"。当解放军队伍在百老汇大厦门前通过的时候,他们放响了万字头的鞭炮,欢呼鼓掌,向解放军表示最热烈的欢迎。[13]

5月28日,粟裕和张震向中共中央军委报告:淞沪之敌已于 5 月 27 日 9 时全部肃清。5 月 30 日，中共中央电贺上海解放，指出："中国和亚洲最大的城市，中国最重要的工商业中心上海，已于二十七日解放。我人民解放军在此次作战中俘敌十余万众，纪律良好。上海各界人民积极与我军合作，使蒋匪破坏计划大部失败，全市秩序迅速恢复。"上海战役是解放军在战略追击阶段最大的一次城市攻坚战，也是渡过长江以后进行的最为激烈的一次战役。为了保全上海这座国际大都市、中国的经济中心，英雄的人民解放军冒着枪林弹雨，浴血奋战，终于取得了军政全胜。这场战役，共歼敌 15.3 万人，解放军伤亡 3 万余人，其中牺牲的有名有姓的 7613 人（连以上干部 450 人）。因受历史条件的限制，当年很多勇士的事迹未能详细记载，还有人甚至连名字都没留下，但他们早已用自己的鲜血和生命铸就了一座丰碑，它将永远矗立在人们心中，历史将永远铭记他们建立的不朽功勋！

二、回到人民怀抱的上海大厦

1949 年 5 月 21 日，粟裕、张震、唐亮、钟期光联合就上海警备部署的意见致电总前委和华东局。电文中认为，如军管会、野司、警司全驻一起集体办公，优点是处理问题迅速，步调一致；弱点是野司与警司工作易于混淆，可能造成全力放在淞沪上，对其他兵团工作放松，甚而使警司行使职权掣肘，因此是以分开办公为好。他们认为如果军管会与警司合并办公可能"工作要好"，而为使市府接近警司，建议警司"以驻百老汇大厦为好"。[14] 这个建议显然得到了总前委和华东局的认可，在第三野战军于 5 月 26 日发布的《京字第五号命令》中，便命令"警备司令部（九兵团）即进至百老汇大厦指挥"。[15] 遵照这一命令，由九兵团组成的淞沪警备区司令部即日起便进驻百老汇大厦，在上海市军管会的统一领导下，开始接管上海。在这段时期，百老汇大厦成为新生的人民政权接管上海工作的中心。

当时有很多军管会的机构在百老汇大厦办公，如华东财政委员会，这里由此成为了上海经济战的中心。另外，新成立的上海粮食公司筹备处以及敌伪公粮清理组等机构也设于此。大公报曾刊登一则报道，军管会公布敌伪存粮申报登记办法，申报登记地点便是在北苏州路百老汇大厦底层"敌伪公粮清理组"，电话43153。[16]上海市粮食公司筹备处工人公教人员及学生平价配粮，最初也定在百老汇大厦办理。[17]

为保证整个上海接收工作的顺利进行，上海市军管会和警备司令部对百老汇大厦的接收和管理尤为重视。百老汇大厦受市政府的交际处管辖，据上海市政府第一任交际处处长管易文日后回忆，当时刚刚解放上海，就要负责国际妇联代表大会和苏联法捷耶也夫代表团的接待工作，于是交际处立即为百老汇大厦配备了一套班子。陈毅市长指示，不能将有经验、有办法的旧职员全部辞退，须提高警惕，加强教育。[18]当时百老汇大厦的军代表更是经过千挑万选，由祝华来担任。祝华早年经由马识途推荐，担任周恩来的小车司机，从此以后一直跟在周恩来的身边，转战南北。在重庆曾家岩周公馆、上海马思南路107号周公馆以及南京梅花村周公馆，他都负责重要的后勤工作，担任过交通科长、办事处长等职务，人称"管家馆长"。[19]解放前夕，他又负责护送在香港的民主人士北上，由他来担任百老汇大厦的军代表是再合适不过的了。当时随他前往接收的很多也是周公馆的旧人。据担任过周公馆联络员、日后在外交部工作的李肇基的弟弟李肇炽的回忆，他自己就曾经在百老汇大厦工作组工作过。接管工作结束后，他和工作组并到了上海市人民政府交际处，曾经为周恩来工作过的计锦洲此时也在交际处开车。[20]

祝华带领军管会接管大厦后，立即成立营业组、总务组等机构，草拟通告，宣布下列几项规定：一是大厦

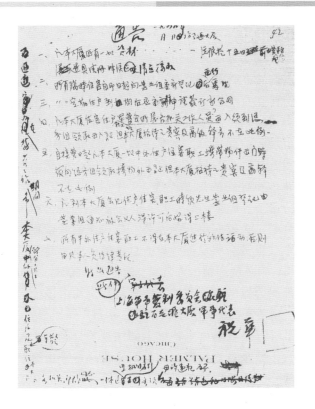

1949 年 5 月 25 日由首任军代表祝华起草的对
大厦实行军管的通告草稿（上海大厦提供）

内所有资产立即造册，清点接收。二是所有临时住客即
日起向营业组重新登记。三是所有定期住户到期后应重
新申请签订合同。四是大厦住客、职工及在大厦的军管
会所属各机关工作人员出入时，须到总务组领取出入证。
五是一切中外住户、职工携带物什出门时，须向总务组
领取携物外出证。六是凡到大厦会见住户、职工时，须
先在营业组登记，由营业组通知被会见人许可后始得上
楼。同时严令住户、职工不得在大厦内进行非法活动。
正是在这批有经验的同志的带领下，百老汇大厦顺利完

成了任务。

接收完成之后，祝华就有了新工作，并且这个工作的地点仍然在百老汇大厦。1949年8月，陈云从北京赴上海，住在百老汇大厦，领导上海的经济战，主持召开财经会议，指出"国家掌握足够数量的粮食、纱布，是稳定市场，控制物价的主要手段"。祝华便因为华东财委负责人钱之光的提名，经上海市军管会同意，担任了上海花纱布公司的副总经理。9月6日，公营上海市花纱布公司公告成立。据《大公报》报道："该公司于同日起在百老汇大厦底层开始办公。公司在组织系统上属于华东军政委员会贸易部领导，总经理即由贸易部长吴雪之兼任，副总经理则由陈其襄、秦柳方、祝华三人担任，以后凡属公营的有关花纱布业务机构，均由该公司集中管理。依业务的需要，下设原棉、纱布、储运三处。"[21]

当时有很多解放军各级干部住进了百老汇大厦，对于绝大多数来自农民家庭的他们来说，是平生第一次看到这样一个五彩纷呈的世界，也是第一次住进百老汇大厦这样的高楼大厦和豪华宾馆，出现了种种的不适应。弓一长曾经回忆，他陪时任第48军副政委的李一非将军入住百老汇大厦。到厕所里，他新奇地扭开了"抽水马桶"，只听唰唰响，用手越扭水越大，怎么也不会关，眼看红地毯被水浸泡起来了，这可闯下大祸，心急又不敢喊叫，慌忙把其他人拉起来，他们也束手无策，埋怨他土包子，用洋货，享不了洋福。他不得不到首长住的小房间，被首长批评："土包子出洋相，不好好学习，怎么能解放全中国、掌握政权。"直到服务员跑来了，才解了围。过后他低着头等挨批，李将军却以开玩笑的口吻说："我们在大上海出了'洋相'，在大洋楼里演出了'水漫金山寺'。"说得几个人都笑了。[22]著名作家刘白羽曾经和即将出任中华人民共和国驻匈牙利大使的黄镇将军来到上海，被安排在富丽堂皇的百老汇大厦同住一个单元。晚上关了灯上了床，却怎样也睡不着。黄镇一直翻来覆去，嘟嘟囔囔，最后，他终于从软得像泡沫的床上爬起来，无可奈何，望洋兴叹。他突然心生一计，把被单被套拖起铺在地板上，舒坦地睡了下来。从这一夜，那两只席梦思床一直空着。说实在话，他们在战争中睡惯硬门板，对这种高贵的玩意，实在享受不了。早晨醒睡起来，两人相顾而笑，刘白羽心里说："这就是我们的将军。"[23] 上海这豪华的一切，当然会使将士们意识到生活原来还可以这样丰富多彩。然而，这些劳苦功高的英雄们把让更多的人过上富足幸福的生活视为自己的最大荣耀。他们对这种豪华的不适应，恰恰显示出了他们依旧保持着朴素的情怀。

短暂的接收工作结束后，百老汇大厦就由新成立的上海市政府交际处接管。1951年4月16日，经陈毅市长提议，潘汉年副市长批示，决定自5月1日起改名为"上海大厦"。交际处当时发文要求即日起做好以下工作。一是在解放、大公、文汇、新闻日报等媒体上以"上海大厦"名义刊登启事一天。二是将大厦后门上方英文Broadway Mansions及汽车间等处的英文字样都进行铲除。三是将"上海大厦"四字装置于大厦最显著处。原有图章重刻，有"百老汇"字样的信纸、信封及一切印刷品虽然仍可在一定时期内使用，但必须用图章将"百老汇"改为"上海"。当时的报纸这样报道："最近，旧百老汇大楼的管理方面与全体职工，又将帝国主义残留下来的污秽遗迹打扫一新，从今年'五一'国际劳动节那天起，'百老汇大楼'这个名字永远不存在了，鲜红的'上海大厦'大字，已在这座雄伟的大建筑物的大门、后门、东西侧门上镌刻上去。"[24]

在旧时代，百老汇大厦仿佛是资本主义傲慢和帝国主义狂妄的象征，可是转眼间，上海就呈现出了干净整齐、生机勃勃的全新形象，百老汇大厦这座旧的城市地标也仿佛完全没有被过去阴影所困扰，而是以强有力的"上海大厦"的面貌重新融入并参与构造了新的人民城市的形象。在中华人民共和国成立的初期，由于其当时特殊的地位和

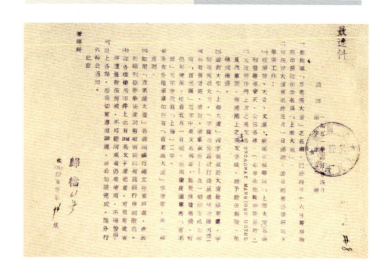

上海市人民政府将百老汇大厦更名为
上海大厦的批文（原藏上海市档案馆，
上海大厦提供）

上海市人民政府交际处关于上
海大厦更名的批文（原藏上海
市档案馆，上海大厦提供）

上海大厦
BROADWAY MANSIONS

1951年5月3日《解放日报》
第四版刊载上海大厦更名启事
（上海大厦提供）

功能，很多重大事件在上海大厦发生，上海大厦也见证了新生的人民政府巩固政权，建设人民城市和人民国家的一系列举措，同时也为这一段历史作出了自己的贡献。我们在这里仅选择几件有代表性的事情来叙述。

（一）

陈云与百老汇大厦

　　上海刚刚解放之初，百废待兴。而上海作为全国的经济中心，经济问题又是重中之重。此时这座当时远东最繁华的大都市里经济问题恰恰相当严重，百业凋敝，财政几近崩溃，城乡往来中断，物价如脱缰野马一般飞涨。连年的战乱使百姓穷困潦倒，而投机商反倒坐地生金。当时，上海从事金融性投机活动的人多达二三十万。再加上残余的反动分子从中煽风点火，上海物价能不能稳住，通货膨胀能不能抑制，肆虐一时的投机资本能不能根除，这是解放战争取得决定性胜利之后共产党人面临的全新考验，也直接关系到新政权能否稳固、能否长久。为了解决问题，中央决定由陈云同志着手筹建中央财政经济委员会（以下简称中财委），来解决以上海为中心的全国的经济问题。中财委刚刚组建不久，考验便接踵而至。华东、华北地区先后暴雨成灾，上海粮价应声而涨，又迅速造成了全国市场波动，天津、武汉等大城市首当其冲。7月3日，身处武汉的中共华中局书记邓子恢急电中央，希望在上海召开财经会议，谋求对策。中央采纳了华中局的建议，决定8月初由陈云在上海主持财经会议，电召华东、华北、华中、东北、西北5大区的财经部门领导干部参会。

7月22日，陈云到达上海后，一行人就住进了苏州河畔的百老汇大厦。百老汇大厦是当时华东财委的所在地，据当时随陈云赴沪的行政随员刘为回忆，百老汇大厦和附近的高层建筑屋顶上都架着高射机枪，这一点给刘为留下的印象最为深刻。陈云刚到上海，就赶上了30年未遇的台风。黄浦江水倒灌，市区受淹。人们要手挽着手才敢过马路，南京路闹市区水深及腰，足以行舟，就连市府大厦都被水淹了。陈云不顾上海刚遭遇的台风袭击和一些资本家的不友善态度，每天走街串巷了解情况，掌握了大量上海市场的第一手材料。7月27日，由中财委召集的华东、华北、华中、东北、西北五大区财经领导干部会议就在这里开幕。会议第一周，仍是安排了解情况，听取各解放区的汇报；第二周，组织与会人员按照金融、贸易、财政、综合四个方面进行分组讨论，梳理情况，分析原因，研究对策。8月8日，陈云在会上作了《克服财政经济的严重困难》的报告，提出了迅速制止上海物价急剧波动的七个方面对策。1949年9月、10月和1950年动员各地调集大米、棉花支援上海，遏制上海粮食、棉花被恶意炒作的严重事态，并调整了与此相关的运输、金融、纺织工业等行业的政策。这些政策措施实施后，上海的物价开始回落。8月15日，会议闭幕，陈云作总结讲话，他指出：财经工作面临的是管理一个有几亿人口大国的局面，要抽调一等工作干部充实财委机关干部，要吸收党内外各方面有知识的人来共同工作，要把眼光放在发展经济上。会议结束后，他又留在上海，和民主建国会、产业界代表，以及机器工业、银钱业、纺织业、卷烟、化工等各业代表进行座谈，指出对上海的困难并不应悲观，要看到市场的远景是空前广大的。

8月25日，陈云离开百老汇大厦，离开上海，结束了这趟重要的旅程。此后，为了从根本上解决商业投机分子利用新中国的暂时困难恶意囤积、抬高物价、谋取暴利的问题，陈云又提出了运用经济手段稳定物价的12条措施，在11月25日，命令全国统一行动，在上海、北京、天津、武汉、沈阳、西安等大城市采取统一步骤，发起决战，使投机分子受到严厉打击。有的资本家血本无归，有的卷铺盖逃往香港。上海和全国的物价迅速稳定下来。当时上海著名的企业家荣毅仁曾说："中共此次不用政治力量，而能稳住物价，给上海工商界一个教训。6月银元风潮，中共是用政治力量压下去的，此次则用经济力量就能稳住，是上海工商界所料不到的。"毛泽东对这场经济仗给予过高度评价。毛泽东指出，平抑物价、统一财经，其意义"不下于淮海战役"。[25]自那以后，共产党政权在大城市里站稳脚跟，中国的财政经济也走上了正轨。

（二）

大厦中的雷达站

前面说到，当时百老汇大厦顶上有很多高射机枪，这是因为上海解放不久，国民党政权不甘心失败的命运，不时派遣侦察机和轰炸机来东南沿海骚扰，窜来上海侦察、轰炸，妄图破坏新中国的建立，阻止人民解放军继续挺进解放台湾的壮举。尤其是1950年2月6日，国民党出动了17架B-29重型轰炸机对上海杨树浦、闸北等电厂、自来水厂狂轰滥炸,不仅使全市工厂停电停工,且使上海全市的夜晚陷入一片漆黑之中。

陈毅同志为此日夜焦虑。他积极筹建保卫上海的防空部队,尤其强调要加强远程空情保障。2月8日,陈毅同志亲自指示:立即从交通大学电机系电信专业毕业班中抽调一批党、团员到部队,设法把由淞沪警备司令部从国民党军队缴获来的旧雷达架设安装起来,用作防空警戒雷达,搜索来袭国民党轰炸机的行动,提供远程情报,给全市人民预发空袭警报,使我军防空高炮部队及时投入战斗。16日夜晚,一辆卡车把交通大学电信专业以党、团员为骨干的21名同学从学校送往安国路76号防空处的大楼,从此开始了组建新中国第一个防空雷达站的工作。著名雷达专家,后任人民解放军电子工程学院指挥自动化系副主任的夏克同教授就曾在其中。当时,领导还交代了纪律:保守行动秘密,不能对任何人透露到了什么地方,做什么工作,包括对自己的家庭和亲人。因此有很长一段时间,夏克同的父母一直不知道他究竟去了哪里,害得他们到处打听。

1950年3月的某一天,组织上又派夏克同带领陈辅伦、刘瑜、曹美琪等五人把一部日制313雷达架设到百老汇大厦。机器安放在大厦的第17层楼,天线架在不是很大的屋顶上。经过检修调试,显示屏上也出现了固定目标的回波。3月20日,雷达在60公里以外先后发现来袭的国民党轰炸机。由于发出了早期情报,使高炮部队及时做好战斗准备,保卫了闸北电厂,使其免遭轰炸。敌人发现上海防空力量有了增强,嚣张的气焰顿减。5月11日夜间,他们在100公里的远处又一次发现了来袭的国民党轰炸机。这次由于远方情报及时,给高炮部队赢得了足够的战斗准备时间,将来袭的一架B-24型轰炸机一举击落,坠毁于浦东塘桥镇,这是我解放军防空部队第一次在上海击落敌机,那时胜利的欢乐,夏克同至今还历历在目。

在这期间，陈毅同志一直很关心这批大学生战士的生活和工作进展，怕同学们刚到部队，生活一时不适应，亲自指示防空处领导给予特殊照顾。那些搬进百老汇大厦工作的同志，由于大楼不好单独开伙，就特别照顾，让他们在大楼底层的大食堂就餐。当陈毅同志得知他们在检修中缺少一些器材、仪表时，当即批示上海有关单位尽力帮助解决。陈毅同志还想到这批交大学生还有最后一个学期的课程，因到了部队而无法修完，很关心地要为他们制订一个既修完应上的必修课，又结合检修和执行任务安排一些课程的计划，然后定时请母校的老师到驻地上课。1950年夏，这批学生都拿到了毕业证书，高高兴兴地到照相馆穿戴学士衣帽，留下了一个特殊的纪念照。

最使夏克同难忘的是在这一年"五一"节的前几天，他们当时正在雷达工作室检查和调试雷达，陈毅同志突然来到百老汇大厦视察工作情况。当他在防空处长刘光远同志陪同下，出现在大家面前时，每个人无不感到意外和高兴。陈毅和每个人都一一握了手。作为组长，夏克同向他汇报了修复不久的雷达工作情况，并在显示屏上一一点出周围固定目标回波和不久前发现来袭国民党轰炸机的情况。陈毅连连点头称好，他还鼓励大家说，你们是我军雷达部队的种子，一定要努力工作，尽快提高雷达技术，为我军现代化、正规化建设出力。当时，根据中苏协定，苏联还曾派来一个雷达营、一个探照灯团和一个歼击机团到上海协助担任防空作战。大家就同苏军一起并肩战斗，在上海市周围，东至南汇，北至启东，西至海盐、苏州，南至镇海，部署了8个苏式装备N3A雷达站。同年10月底，按协定苏式装备全部移交我军，从此我军有了一支当时来说装备先进的防空雷达部队，并独立担负起上海防空作战的雷达情报保障任务。而这批曾经奋斗在百老汇大厦的大学生们也就成了我军雷达技术的首批开拓者，是最早组建我军雷达部队的技术中坚力量。[26]

　　值得一提的是，1964年上海大厦上还设立了一个对空台。这是一个只有3个人的小小对空台。然而，担负的任务却很艰巨，经受的考验也很严峻，需要昼夜24小时值班，为地面领航指挥员联络指挥国内外、军内外南来北往的飞机，以安全通过上海空中走廊，并密切监视空域中可能发生的特殊情况。这就是对空台的使命。有一年有架飞机在海上训练，飞行员因故空中晕眩。失控的飞机从万米高空急速下坠，机毁人亡即在眼前。正在值班的台长贺爱国听到这一险情后，一面向指挥所报告，一面调整高频电台功率，让强大的电波转化成了急救声。飞行员终于被强烈的信号震醒了。"02，拉起来！"于是，飞行员化险为夷。对空台一丝不苟，百分之百圆满完成任务，连年被上级评为"战备无差错"先进单位。在大厦里，遵守纪律要靠高度自觉。他们听不到军号声，但都自觉按照一日生活条令化的要求去做。早晨，在阳台上两个人（另一个值班）正正规规地出列队；从不在正课时间内打牌、下棋、看电视；坚持每周召开一次台务会，每星期六过组织生活。在这里，保持艰苦奋斗的作风要靠高度自觉。大厦每天有热水供应，浴缸就在他们的卫生间内，可他们坚持和连队一样，每周只洗一次热水澡。面对西装革履、穿裘戴纱的中外宾客，他们坚持部队发什么穿什么，并不感到寒酸和自卑。虽然和大厦职工一道就餐，部队发的伙食费显得过于寒酸，但他们也安之若素。每逢过节职工们回家了，职工灶不开伙，他们就默默地啃面包。[27]

　　靳以在著名的《上海颂》里曾经有这样一段话："过去它叫什么百老汇大厦，上海哪里来的什么百老汇，还不是那些帝国主义分子和奴才们的白日梦，现在它属于中国，它是我们的上海大厦。"[28] 周瘦鹃也同样写道："就是我脚下站着的这座雄峙苏州河边的上海大厦，在解放以前叫作百老汇大厦，是外国人的产业，正不知积累着多少上海人的血汗的身家性命呢，"而等到上海解放，"仿佛有一支起死回生的神针从天而降，给上海注入了新的血液，新的生命，把一切黑暗的、恶劣的、腐朽的、没落的东西全都扫尽了。""美轮美奂的高楼大厦上，不见一面迎风招展傲气凌人的洋旗。""这真是我们中国人，我们上海人扬眉吐气的时候了。"只有到了这时，"这上海才是可爱的上海，才是我们中国的上海！"[29]上海大厦终于如它新的名字所言，成了上海的大厦，人民的大厦，也为人民的上海作出了重要的贡献。

三、从交际处到机关事务管理局

上海接管初期，市军管会设立财政经济、军事、政务3个接管委员会和文化教育管理委员会，以及办公厅、秘书处、总务处、交际处、人事处、淞沪警备司令部、公安部、外侨事务处、运输司令部、公共房屋分配（管理）委员会、近郊接管委员会等机构，交际处是军管会的机构之一。5月31日《上海市军事管制委员会命令（任字第一号）》宣布："管易文为本会交际处处长，周而复、梅达君为副处长。"不久，周而复调至华东统战部。8月18日公布的《上海市政府任命各局、处长的命令》中，任命"管易文为本府交际处处长，梅达君为本府交际处第一副处长，张甦平为本府交际处第二副处长"。1951年9月，根据上海市人民委员会的安排，直属的秘书处、行政处、交际处不再作为独立机构，改由市政府办公厅领导。

中国共产党设立交际处可以追溯到抗战期间的延安。1938年3月7日，边区政府设招待科负责对外工作，同年4月，将招待科改名为交际科，1939年又将交际科发展为交际处，成为中共中央和边区政府以及有关部门办理日常外事的专门机构。交际处第一任处长管易文有着长期交际处工作的经验。他早年曾在天津参加周恩来领导的觉悟社，曾留学美国，回国后从事爱国活动和地下情报工作。1939年加入中国共产党。抗战胜利前夕，开始在华东军区联络部交际处负责外国友人的接待工作，并长期在陈毅的领导下工作。北平和平解放后，他任中央统战部接待处处长，负责接待知名人士和国民党和谈代表。上海解放后，又调往上海市军管处任交际处长。副处长梅达君是民国时上海的著名民主人士和社会活动家，参与发起组织中国民主促进会。管易文曾经留学美国，有长期的外事工作和接待经验，梅达君则对上海的情况非常熟悉，他们确实是一对非常好的搭档。

旧上海市政府也设有交际处，这个交际处也有部分人员留用。曾任旧政府交际处主任科员，担任秘书工作的沈艺就成为留用人员之一。沈艺日后回忆，在新的交际处工作后，逐渐明白人民政府交际处的工作内容和性质和旧市府交际处有很大的区别。旧交际处工作主要是安排市长活动日程，安排接见中外宾客、对外应酬、宴请、接受媒体采访并处理市长书信往来等，基本上是为市长服务的，等于是市长办公室。人民政府交际处的任务，主要是负责安排、接待党内外高干、知名人士、华侨代表、少数民族代表团等的食宿、迎送、行旅等。还有对上海市工商界知名人士的联络、宴请。重大节日庆祝大会，要发请柬邀请各界有代表性的人士等。这是带有统战性质的工作。[30] 沈艺的感觉是正确的，交际处的工作从来不是单纯的生活事务和迎来送往，而是通过生活上对各民主人士的照顾，达到政治上的团结，进一步了解客人的政治态度与思想情况。这一点在《上海市人民政府组织规程、员额编制及市军事管制委员会机构人事一览及办公制度》有明文的规定。其中隶属于交际处的百老汇大厦的职能是服务、传送、侍应、房间管理及出租；有关修建本大厦之一切工程；本大厦之总务、会计、经费预算决算，编审事项；有关本大厦人事方面；有关来宾之用膳（中西餐）及在处之工作人员用膳；有关代办及采购事项。[31]

新的交际处不仅与国民党的交际职能不同，较之解放前我党的交际处的工作也要广泛、繁重得多，而此时又值新的政府刚刚成立，百废待兴，要进行的工作更是千头万绪，所以人民政府决定，除了保留原市府大厦两个办公室外，为了便于更好地开展工作，交际处的"总部"就被安排到了百老汇大厦。

新生的人民政府需要大量的人才，这时上海的很多大学的学生会组织也都响应政府的号召，组织毕业生参加革命工作。圣约翰大学的学生刘德曾便与同班同学卢玲玉、王润身等六人前去报名。接待她们的工作人员听说她们是圣约翰毕业的，英语很好，高兴极了，立马叫她们到交际处去报到，因为当时懂外语的人太少了。1950年初，适逢"二·六"轰炸，中央请来一些苏联军事专家来帮助建立雷达站，她们就被派去接待这批专家，临时被编入了防空司令部的后勤部队。当时专家们被安置在百老汇大厦及郊区的几个地方，为之服务的工作人员也全都住在上海大厦，生活上半军事化，待遇上是供给制，每月只发二元多零花钱，吃的是大灶饭，穿的是军装。刘德曾她们面对全新的环境，全新的任务，一想到自己正在人民最需要的岗位上，就充满了工作激情。

20世纪50年代是激情燃烧的岁月，工作忙得没日没夜，没有星期天，连续几个月回不了一次家。单位里大学生少，遇到什么事情，人们总是说"叫两个大学生去"，所以刘德曾她们一天到晚总有忙不完的事情。苏联专家是工作重点，不仅要安排好一日三餐，安排好日常生活，周末还要安排他们购物及文娱活动。苏联专家上街购物那时还有一个安全问题，于是就联系一些信誉较好的商家来上海大厦摆摊，当作临时商场。仅仅一场舞会，从人员选拔（要求基本是团员）到制定纪律、安排车辆，都要刘德曾与各个部门协商解决。

刘德曾回忆，那时交际处的工作范围很广，不仅要接待外宾，还要接待上级来沪的领导、华侨，还有少数民族代表和一些国内著名的民主人士，如宋庆龄、黄炎培等。那时社会主义阵营的著名演出团体也常来沪演出，如苏联的乌兰诺娃芭蕾舞团、波兰的玛佑夫舍歌舞团、朝鲜的崔承喜歌舞团等。乌兰诺娃那时已经四五十岁了，演出前需要闭目静养，刘德曾就陪她在后台休息。

1952年，世界著名的加拿大籍和平战士文幼章先生偕夫人来沪，住在上海大厦，领导指派刘德曾接待他们。文幼章曾在圣约翰大学教过课，刘德曾就正是他的学生，对这位一贯热情支持中国革命，反对内战的老师十分崇敬。人民政府对他的到来也很重视，尽量满足他的参观要求。刘德曾印象最深的是陪他参观提篮桥上海监狱。当他看到犯人们在狱中都能吃得饱，穿得暖，正通过学习和劳动改造成新人，不禁感到信服。当时汪精卫的老婆陈璧君也关押在提篮桥，他们亲眼看到她在老老实实地糊纸盒。她还陪他们参观了妇女教养所，那些旧社会的妓女被集中起来认真学习，同时接受政府安排的疾病治疗，学习结束后由政府给她们介绍工作。这些翻天覆地的变化，给文幼章夫妇留下很好的印象。

交际处不仅让刘德曾的工作生活无比充实，更让她收获了爱情。她工作的交际处在上海大厦十楼，十一楼是市委统战部，两个单位工作中配合、协调较多，因为交际处接待的不少客人都是高级统战对象，所以刘德曾必须常去楼上办事，渐渐地就和统战部的干部程钧熟悉起来，不久友情发展成爱情，她们两个最终走到了一起，成为终身伴侣。[32]

1953年5月，为加强组织建设，提高工作效率起见，在交际处直接领导下，经上级批准，对上海大厦进行组织调整，在大厦设立管理室，下分四个组及一个班，即总务组、食堂组、财务组、服务组、警卫班。工作人员情况据当时的档案记载，1953年时全大厦有工作人员176人，其中有干部27人，技工55人，公务员94人。其中党员计18人，团员计6人，党团员都分布各组，党员占

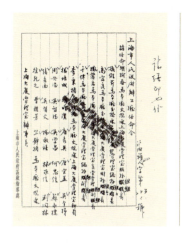

上海市人民政府办公厅对上海大厦管理室股长以下人员职务任命（上海市档案馆藏）

全体工作人员 10.22%，团员占全体工作人员 0.9%。[33]

新时代上海大厦工作人员当家作主，以前美军、励志社肆意对员工欺凌的时代一去不复返了。20 世纪 50 年代，大厦的工作人员工资或是实行包干制，或是薪金制，但无论实行哪种制度，工资拖欠的情况再也不会发生，而且一律实行公费医疗，并有家属补助。这一政策解决了大部分同志的家庭困难，也提高了他们的思想觉悟及工作的积极性。很多人都说："今天的政府真是人民自己的政府，处处为人民打算。国家每年拿出大批的资金来捐助我们的医药费，政府真是关心我们。党对我们的关心真的像我的父母一样。"那些经历过解放前黑暗的同志们体会得更深刻：老工人黄金生、施松贵几十年的旧疾都经过公费医疗治好了，工会还派人去慰问他们，让他们深受感动。他们说：解放前医院是向资产阶级开门，穷人有病没钱是不能去医院的，只有白白等死，今天则恰恰相反，在共产党的领导下，把几十年的病都治好了，这真是从古以来没有看见过这样的人民政府。只有在今天共产党的领导下，不但病治好了，工资也照常发。范永才离开去乡下休养，领导经常捎信慰问他，他激动地表示病好后一定积极工作，以实际工作来报答党对他们的恩情。徐宝生出院后，领导叫他继续休养，他说："我虽不干重工作，可以干轻工作，一定要干工作。"

1949 年前，大厦员工主要是服务员或者厨师，他们的文化水平普遍较低，新中国成立后，在交际处党委的大力支持下，大厦举办了职工业余文化学习班。按照各组的具体工作时间划分了班组，减少班级，加强领导。学习班于 1953 年 3 月 6 日正式开始，分初、中、高 3 个班，并建立了签到请假考试制度，还对优秀学员进行了发奖，由此推动和督促了学员的学习。[34] 档案中保存了一份 1954 年下半年的学习班报表，根据这份报表，到这时，学习班已经举办了 6 期，设有教师 2 名，参加人数总计 81 位。[35] 大部分同志在文化方面有了明显提高，如孙锡宏以前只能认识几个常用字，通过学习后，现在在语文方面能写短篇文章，阅读一些理论书，在数学方面，以前只会算简单的四则运算，现在开始学习代数了。杨阿林之前不识字，后来可以看《劳动报》及记简单笔记。[36]

1956 年，由于各种政务活动日益广泛和繁忙，原有的交际处体制已经难以适应上海市人民委员会的日常工作要求。为适应国家行政体制方面的改革和上海工作发展的需要，上海市人民委员会对所属工作部门进行了较大的调整，在办公厅行政处、交际处基础上成立机关事务管理局（简称"机管局"），内设办公室、财务室、总务处、交际处、人事科、宿舍管理科、警卫科。其主要任务是在市长、秘书长领导下统一管理上海市人民委员会直属的总务、财务、警卫等日常机关事务；统一管理市一级行政机关、民主党派、人民团体和行政财务、财产调拨、汽车配备和编制工作；统一办理市的交际接待；统一管理锦江、和平、国际饭店、上海大厦等企业、事业单位；统一办理全市性大会、节日活动的行政事务，并对全市性机关行政事务工作参与意见等。按照这一职能，上海大厦便转由机关事务管理局管理，从此之后便以政治接待任务为主要工作。[37]

机关事务管理局成立之后，上海大厦改组成一个独立性单位，直属机关事务管理局领导，由局交际处具体负责。机管局专门制订了在来宾接待中和大厦的业务分工。交际处主要负责安排接待计划，检查接待工作中方针、政策贯彻执行情况，制订相关的规章制度，帮助提高接待水平等；大厦主要是根据饭店制度规章接受交际处委托，承办招待活动，安排食、住、行及其他日常生活招待事项，陪同来宾进行参观游览，代办车、船、飞机票、文娱戏票、托运行李等。[38] 大厦设经理职务，下设服务、食品、人事、总务、财务5个科，1个车队，1957年下半年又设了导游组，对外称华侨服务社。[39] 任百尊成为1949年之后上海大厦的第一任经理。任百尊早年按照地下党的安排，帮助著名企业家董竹君创办永业印刷所，秘密印刷革命书籍，从此之后一直担任董竹君的助手。1951年，原华懋公寓由人民政府经营，改名为锦江饭店，董竹君任董事长，任百尊则成为第一任经理。任百尊在锦江服务36年之久，日后又成为上海锦江（集团）联营公司总经理、机关事务管理局副局长，是新中国成立后上海饭店业乃至中国饭店业的先驱。他在1956—1963年任上海大厦经理期间，将自己锦江的管理经验移植到了上海大厦中，推动了这一时期上海大厦的发展。

任百尊经营宗旨是将"事业单位企业化管理"，并希望"将上海大厦逐步走向企业单位"。[40]1957年，任百尊专门撰写了《上海大厦的性质任务与有关的方针》，将上海大厦定位为全上海的第一流饭店，高的方面略低于锦江的高级规格，一般规格不应低于沧州饭店。经营理念则是用企业化管理的方法保证政治任务的完成，完成政治任务是目的，企业化管理是方法，企业化管理的实质是进行经济核算、计划管理。总体接待方针是宾至如归，主随客便，情重于物。总体目标是服务质量不断提高，经营薄利多销，合理负担。[41]在他的推进下，上海大厦各项制度逐渐完善。1956年10月，《上海大厦饭店行政会议制度》制定，分全店工作人员大会、店务会议、科务会议、科属部门会议及临时会议。[42]1959年，他还尝试在上海大厦进行体制改革，撤销科，减少层次，让经理一杆子到底，直接布置任务，也可以让经理挪出时间考虑问题。[43]任百尊这样的经营理念在当时颇具创新，只不过随着时局的变化，这一理念并没有足够的空间和时间来推进实施。当然上海大厦也没有忘记自己的政治职能。在安保方面，制定《治安保卫委员会制度》，确立内紧外松的原则，要求做到人人警惕、人人动手、层层包干、层层有责。同时，实行来宾招待记录制度、招待工作日报制度以及访问来宾制度，既对一些特殊来宾的政治思想、生活健康、社会关系、风俗习惯、宗教信仰做到心中有数，同时对来宾在大厦中遇到的问题，反映的意见和建议及时汇报处理。1960年5月17日，上海大厦支部申请成立上海大厦总支委员会，6月17日，经中共上海市人民委员会同意，上海大厦总支正式成立。当时上海大厦有党员48人。[44]

1957年的上海大厦有管理人员31人，业务人员342人，大小房间252个，其中公寓16间，套房46间，单间

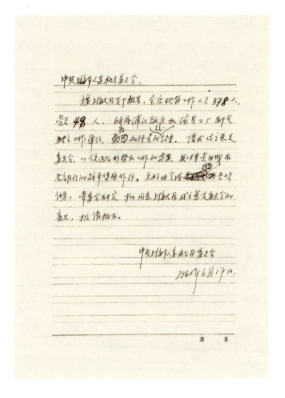

上海大厦成立总支委的请示（上海市档案馆藏）

190间。中餐厅大小8个，西餐厅1个，并设面包房和食品小卖部。[45] 大厦的基本布局为：底层东翼是国际友人服务部，西翼是休息室、理发室、俱乐部、服务部办公室、传达室、华侨服务社、总务科所属总务组办公室。1楼是厨房、餐厅、食品科办公室、两位副经理的宿舍。2—3楼是交际办公室、统铺房间。4—9楼是一般规格房间。10—15楼是中等规格房间，16楼是高等规格房间。17楼是西餐厅。1楼半是经理室、财务科、人事科、总务科等办公地点。汽车间地下层是食品科、采保组办公室和面包房。底层是车队办公室及该队工作人员休息室。1—3层是停车库，4层是工作人员膳堂、工会活动室和家具维修间。[46] 在 20 世纪 50 年代后期，家具维修间升格成了上海大厦家具厂。根据 1957 年 12 月 14 日制订的收费标准，当时大厦公寓价格为 15.80—16.80 元，套房分 14.80、13.80、11.00 元 3 个档次，二等房间单间为 7.00—8.00 元，普通房间单间分 4.00、5.50、6.50 元 3 个档次，统铺床位为 1.50—2.00 元。冬天还会收 15% 的暖气附加费。[47]

大厦服务人员的素质在这一阶段也有明显提高，机管局多次从各个企业挑选优秀的人才，充实到像上海大厦、和平饭店、锦江饭店等重要的接待饭店中。在大厦工作了 40 多年的董玉英原来就是上海奶粉厂的检验员，她回忆，当年机管局专门到厂里招人，自己是经过挑选后才进入大厦当服务员的。[48]

1956 年秋，周瘦鹃曾在上海大厦先后住过 12 天，他在文章中称赞这座巍然矗立在苏州河畔的上海大厦，简直是他心灵上的一座幸福的殿堂。我们可以通过他的视角来观察一下这时期上海大厦的情况。

到了上海大厦，跨上了几级石阶，走进了挺大的钢门，就是一个穿堂。右边安放着大小三张棕色皮面的大沙发，后面一块搁板上，供着一只大花篮，妥妥帖帖地插着好多株粉红色的莒兰花，姹娅欲笑，似乎在欢迎每一个来客。右首是一个供应国际友人的商场，但是自己人也一样可以进去买东西，所有吃的、穿的、用的，形形色色，全是上品，如入山阴道上，目不暇接。我向四下坐参观了一下，觉得不需要买什么，就买了两块"可口糖"吃，我的心是甜甜的，吃了糖，我的嘴也是甜甜的了。

左首是一个供应西点、鲜果、烟酒，糖食和冷饮品的所在，再进一步，是一座大厅，供住客作文娱活动，设想是十分周到的。第一层楼上，是大小三间食堂，一日三餐，按时供应，定价很为便宜，有大宴，也有小吃，任听客便。我却旧地重游，非先试一试西

上海大厦
BROADWAY MANSIONS

餐，以资纪念不可，因此打了个电话招了大儿铮来同上十七层楼去，只见灯火通明，瓶花妥帖，先就引起了舒服的感觉。我们点了几个菜，都是苏联式的烹调，很为可口；又喝了两杯葡萄酒；醉饱之后，才回到十二层楼房间坐去。那是一个挺大的房间，明窗净几，简直连一点尘埃都找不出来。凭窗一望，只见当头就是一片长空，有明月，有繁星，似乎举手可以触到。低头瞰时，见那一串串的灯，沿着弧形的浦江之滨伸展开去，直到很远很远的地方；并且也看到了浦东的万家灯火，有如星罗棋布。我没有到过天堂，而这里倒像是天堂的一角，晚风吹上身来，不由得微吟着"琼楼玉宇，高处不胜寒"了。

11月3日，他又带着妻子参加中山公园的菊展，由园林管理处招待住在十四层楼的五号室中。这五号室仍然面临苏州河，比上一次更高了两层，更觉得有趣。从窗口下望时，行人车辆，都好似变作了孩子们的玩具，娇小玲珑。黄浦公园万绿丛中的花坛上，齐齐整整地满种着俗称嘴唇花的一串红，好似套着一个猩红色的花环，构成了一幅美丽的图案画。大大小小的船只，在河面上穿梭往来，帆影波光，如在几席间，供大家尽量地欣赏。一床分外温暖的厚被褥，铺在一张弹簧的席梦思软垫上，让他舒舒服服地高枕而卧，迷迷糊糊地溜进了睡乡，做了一夜甜甜蜜蜜的梦。小住了12天之后的周瘦鹃产生了一种对上海大厦的偏爱："因为你独占地利之胜，胜于其他一切的高楼大厦，我希望不久的将来，仍要投入你的怀抱。"[49]

注　释

1, 黄仁宇：《放宽历史的视界》，生活·读书·新知三联书店 2015 年版，第 313—323 页。

2, 赵政坤：《解放上海："瓷器里捉老鼠"》，《党史文汇》2011 年第 11 期。

3, Julian Schuman, *Assignment China*, Foreign Languages Press, 2004, pg.37.

4, 于德文：《回眸虹口解放的前前后后》，政协上海市虹口区委员会文史资料委员会编：《文史苑》第 17 期，1999 年，第 32 页。

5, 周而复：《往事回首录》上部，《周而复文集》第 21 卷，文化艺术出版社 2004 年版，第 304 页。

6, Peter Townsend, *China Phonenix: The Revolution in China*, Alden Press, 1955, pg.73.

7, *Writer's Wife Sees Shanghai Fall to Reds*, The Daily Times, May 27, 1949, pg.1.

8, 俞斌：《写在黎明破晓时的日记》，《文汇报》2009 年 5 月 19 日，第 11 版。

9, 聂凤智：《军政全胜的战争》，《20 世纪上海文史资料文库》第 2 辑《政治军事》，上海书店出版社 1999 年版，第 289—291 页。

10, 罗维道：《"瓷器店里打老鼠"》，《新民晚报》2009 年 4 月 27 日 B5 版《夜光杯》。

11, 赵祖康：《回忆上海解放前后我的亲身经历》，《20 世纪上海文史资料文库》第 2 辑《政治军事》，上海书店出版社 1999 年版，第 344—345 页。

12, 俞斌：《写在黎明破晓时的日记》，《文汇报》2009 年 5 月 19 日，第 11 版。

13, 吴德才、陈毅贤：《农民的儿子杨显东传》，中国青年出版社 2011 年版，第 200 页。

14, 《粟裕、张震、唐亮、钟期光关于对上海警备署的意见到总前委、华东局电 (1949 年 5 月 21 日)》，中国人民解放军上海警备区，中共上海市委党史资料征集委员会合编：《上海战役》，学林出版社 1989 版，第 378 页。

15, 第三野战军淞沪警备命令 (1949 年 5 月 26 日)，中国人民解放军上海警备区，中共上海市委党史资料征集委员会合编：《上海战役》，学林出版社 1989 年版，第 383 页。

16, 《敌伪存粮申报登记》，《大公报》上海版 1949 年 6 月 6 日第 2 版。

17, 《粮食公司筹备会迁至前民调处办公》，《大公报》上海版 1949 年 6 月 11 日第 4 版。

18, 《管易文生平及自述》，湛江市委员会学习文史委员会编：《湛江文史》第 19 辑，2000 年，第 77 页。

19, 王火：《九十回眸 中国现当代史上那些人和事》，四川人民出版社 2014 年版，第 407 页。

20, 李肇炽：《我家与周公馆的一段情》，《支部生活》2000 第 1 期。

21, 《花纱布公司成立》，《大公报》1949 年 9 月 6 日第 5 版。

22, 弓一长：《忆老首长李一非》，王柏林主编《黔西南州党史资料》第 3 辑，1998 年，第 406 页。

23, 刘白羽：《火一样明亮的人》，《黄镇将军纪念文集》，解放军出版社 1992 年版，第 622 页。

24，《旧百老汇大厦改称"上海大厦"》，《解放日报外埠版》1951 年 5 月 12 日第 2 版。

25，《新中国经济第一战：意义"不下于淮海战役"》，《北京日报》2009 年 6 月 2 日。

26，夏克同：《难忘的一段历史》，《水之源：上海交通大学"弘扬交大爱国主义革命传统，塑造社会主义跨世纪新人"研讨会文集》，上海交通大学出版社 1997 年版，第 244—246 页。

27，张聿温、贲道春：《霓虹灯上的哨兵》，《人民日报》1991 年 3 月 1 日第 8 版。

28，靳以：《上海颂》，《人民日报》1959 年 11 月 16 日。

29，周瘦鹃：《我与上海》，《姑苏书简》，新华出版社 1995 年版，第 140—141 页。

30，沈艺：《沉舟侧畔千帆过》，文汇报 2009 年 10 月 3 日第 7 版。

31，《上海军管会交际处业务分工与互相结合细则（草案）》，上海市档案馆藏档案 B24-2-1-51。

32，宋路霞：《上海滩名门闺秀》，上海科学技术文献出版社 2016 年版，第 136—140 页。

33，《上海市人民政府办公厅关于上海大厦管理室股长以下人员职务公布》，上海市档案馆藏档案 B1-1-1719-45。

34，《上海大厦 1953 年人事工作总结》，上海市档案馆藏档案 B-1-2-3185-41。

35，《上海大厦职工业余文化学习班填报 1954 年上半年上海市干部业余文化补习学校报表》，上海市档案馆藏档案 B105-5-1185-40。

36，《上海大厦 1953 年人事工作总结》，上海市档案馆藏档案 B-1-2-3185-41。

37，《上海市人民委员会关于机关事务管理局的编制报告》，上海市档案馆藏档案 B1-1725-85。

38，《交际处与上海大厦饭店在来宾接待中有关业务分工的几项具体办法》，上海市档案馆藏档案 B50-1-30-29。

39，《上海大厦饭店管理经验》，上海市档案馆藏档案 B50-2-217-16。

40，《上海大厦饭店管理经验》，上海市档案馆藏档案 B50-2-217-16。

41，《上海大厦的性质任务与有关的方针》，上海市档案馆藏档案 B50-2-226-2。

42，《国营上海大厦饭店行政会议制度（试行）》，上海市档案馆藏档案 B50-2-199-63。

43，《上海大厦编制方案及人事科意见》，上海市档案馆藏档案 B50-1-35-32。

44，《中共上海市人民委员会办公厅委员会关于上海大厦成立党总支委员会的批复》，上海市档案馆藏档案 B1-1781-4。

45，《上海大厦饭店管理经验》，上海市档案馆藏档案 B50-2-217。

46，《上海大厦的性质任务与有关的方针》，上海市档案馆藏档案 B50-2-226。

47，《上海市人民委员会机关事务管理局所属各国营饭店收费标准》，上海市档案馆藏档案 B50-1-30。

48，董玉英女士访谈，2020 年 7 月 17 日。

49，周瘦鹃：《上海大厦十二天》，《拈花集》，上海文化出版社 1983 年版，第 49—51 页。

BROADWAY MANSIONS

上 海 大 厦

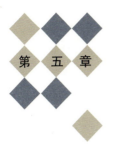

第　五　章

特殊时期的
上海大厦

　　新中国成立以后，上海大厦在很长一段时间里有着特殊的地位，承担着特殊的任务，也由此有着特殊的经历。

一、大厦中的难忘岁月

　　上海是中国工人阶级和民族资产阶级的发祥地，是中国共产党的诞生地。解放初期，申城汇集民族资产阶级上层人物、各民主党派和无党派代表人士，以及文化、教育、医卫、科技界知名人士，他们中的许多人与党组织早就有交往和合作，这为开展爱国统一战线和人民政协工作准备了良好条件。正是考虑到这一点，6月1日，中共中央华东局成立统一战线工作部，兼管上海市的统战工作，上海市长陈毅亲自兼任部长，副市长潘汉年任副部长。华东局对统战工作非常重视，统战部当时没有适当地点办公，为了给统战部一个较好的办公地址，便决定让曾山同志领导的财经委员会从百老汇大厦迁出，交给统战部使用，以便联系各民主党派、各界民主人士进行统战、团结工作。曾山得到华东局通知，毫不犹豫，很快搬回到另外的地方办公，让统战部搬入百老汇大厦办公。统战部占用 11、12 两层楼。[1]

　　陈毅市长非常重视统战工作，他反复强调"统一战

陈毅市长在上海大厦的
1119 房间（上海大厦提供）

线对全国人民有利，对社会主义有利，对劳动人民有利"。
进城之初，他就拨冗拜访宋庆龄、张澜、沈尹默、张元济、
颜惠庆、任鸿隽等，又分别参加民主党派地方组织、总
工会、妇联、工商界和科技界的集会，广泛与各界人士
交谈。[2] 统战部第一任秘书长周而复日后回忆，陈毅市长
找他谈话时说："统一战线、武装斗争、党的建设是中
国共产党在中国革命中战胜敌人的三个法宝。武装斗争，
消灭国民党反动军队，解放全国，问题不大了，可以说
基本解决了。今后，统一战线和党的建设就更重要了。"[3]

　　统战部成立后，潘汉年夫妇和周而复都从华懋饭店
搬到百老汇大厦住，上面 12 层作为宿舍，下面 11 层作
为办公。统战部下设三个处，一是秘书处，由周而复秘
书长兼秘书处处长，秘书科科长是董慧。调研科科长潘
子康兼机关党支部书记。编审科科长王达非主编刊物《反
映》。二是党派处，著名爱国"七君子"之一的沙千里
任处长，副处长是刘人寿。上海市第一届第一次政治协
商会议召开以后，在外滩华懋饭店（今和平饭店）七楼
设立办公机构。许涤新任政协秘书长，盛康年和梅达君
任副秘书长。盛康年是民建成员，是工商界的活跃人物。
政协的日常工作主要由梅达君负责。为此，统战部也相
应成立了第三个处，即政权协商处，负责人事安排工作

和与党外人士开展政治协商等工作，由梅达君任处长。工作人员很多是从当年潘汉年领导下的情报部门调来的，如潘子康、谭崇安、薛若梅、袁焜田、程钧等。以后又陆续来了王达非、顾瑞英、岳起、耿月琴等同志。1950年以后，又从复旦大学等学校调来一批青年知识分子，他们是汝仁、叶庆楠、陈绛、黄慧明、方信瑜、王振仁、马蕴芳等，其中年龄最大的23岁，小的只有20岁。[4] 多年以后，日后成为著名历史学家的陈绛还记得周而复身穿夏季两用衫从电梯出来，热情迎接这些从复旦大学前来报到的年轻人们的情景。[5] 这些年轻人有文化、有活力，充满朝气。1950年3月成立了中共上海市委统战部，但仍与华东局统战部合署办公，两块牌子，一套班子。

当时潘汉年和周而复分别住在11层东边，潘汉年住在东边前面套间，周而复住东边后面套间，两间紧紧相连。在潘汉年住房门前走道上还设了一名警卫，保护他的安全。12层其余房间，作为华东局统战部干部宿舍。11层楼全部是华东局各处的办公室，对外开放，设有客厅，可以会见各民主党派，与各界民主人士商谈问题。陈毅部长只抓大事，一般日常工作不管，统战部方面的大事向他请示报告，他总是大力支持，放手让大家去做。遇有问题，他主动承担责任。所有统战部的工作人员都深深感到在陈毅同志领导下工作心情舒畅，十分愉快。[6] 潘汉年副部长主要工作在上海市人民政府常务副市长的岗位，但对华东局统战部工作也抽出时间管，每天或隔一两天，在百老汇大厦11层东边角上的套间"碰一次头"，也可以说是华东局统战部例行早会，参加者限于处以上的干部。

周而复日后回忆，百老汇大厦耸立在闹市之中，因为隔音设备（玻璃窗户）比较好，关上窗户，倒相当安静。所谓办公室，实际上是在他的卧室里放了一张书桌办公，外边那间客厅，也是他找统战部干部商议工作与谈话的场所。会见客人，部里另外有会客室。他忙完公务或者写书累了，经常会走到客厅东边的阳台上俯视外滩高楼

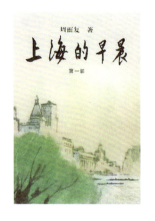

周而复《上海的早晨》

大厦的雄姿，他看着静静的苏州河向外白渡桥下面流淌出去，和黄浦江汇合，浩浩荡荡地向吴淞口外的大海奔腾而去。电车在外白渡桥上穿梭来去，不时发出叮叮的铃声和蓝色的电花。大厦的工作和风景都让他激情澎湃，文思泉涌，激发出无比的创作热情，开始在这里动笔完成著名的长篇小说《上海的早晨》。[7]

上海解放之初，除了繁重的接管任务之外，政治、军事、经济形势都十分紧张。粮食、煤炭的存量往往只有一天。工厂开不出工，工人面临失业，百业凋零、百废待举。国民党又对这里实施海上封锁，并对上海进行多次轰炸，所以人们的思想十分复杂混乱。面临这样严峻的形势，统战部开展了紧迫而又艰巨的统战工作。陈毅市长便提出要团结一切可以团结的人，调动一切可以调动的力量，克服当时面临的种种困难，让统战部广交朋友，持续开展大量统战工作、全力关心群众生活，调动各界人士为社会主义事业服务的积极性。

上海刚解放两个多月，在8月3日至5日，上海市各界代表会议（后改称上海市第一届第一次各界人民代表会议，简称市一届一次各代会）于逸园饭店（今复兴中路597号）顺利召开，陈毅作《关于上海市军管会和市人民政府六、七两月的工作报告》，宣布接管任务胜利完成，

上海大厦
BROADWAY MANSIONS

市政府工作将转入管理和局部改造的阶段；会议号召全市人民团结起来，为粉碎敌人封锁、建设新上海而奋斗。出席代表由市军管会和市政府商定邀请，各界代表共656人，其中工人、工商界、文教界的代表比较多，分别为115人、145人、126人，占代表总数的58.8%。市各代会是传达政策、联系群众的协议机关，也为上海政协工作之发端。在会上，著名工商人士刘靖基积极响应政府号召，带头递交了提案，这就是著名的"新中国上海第一件民主人士提案"。在市一届一次各代会影响下，松江县（今松江区）第一届第一次各界人民代表会议于9月30日至10月4日举行。经各界协商，产生286位代表出席会议。会议通过征粮、减租减息的决议，选举了本届常务委员会委员。10月16日，新华社报道并发表社论《学习松江的榜样，普遍召开市县人民代表会议》。《解放日报》也发表社论《从松江各界人民代表会议得到些什么经验》，"松江经验"引起重视。10月13日，毛泽东对松江县创造性地召开全县各界人民代表会议作了重要批示，要求各中央局、分局："请即通令所属一律仿照办理。这是一件大事。如果一千几百个县都能开起全县人民代表大会来，并能开得好，那就会对于我党联系数万万人民的工作，对于使党内外广大干部获得教育，都是极重要的。"[8]这些都是上海解放初期统战工作的重要成果。

与此同时，统战部积极协助各民主党派，建立和健全党派组织，促使各民主党派原有的地下组织公开进行活动，推动并通过他们团结各党派的成员积极参加政治活动，发挥各民主党派各自的作用。台湾民主自治同盟，即台盟的全国性组织总部最早便设在上海大厦，第一任主席谢雪红女士也住在这里。[9]

陈毅市长又提出要团结"愚公愚婆""遗老遗少"，安排他们工作，发挥他们的积极作用，于是成立了参事室和文史馆。部里指定耿月琴和马蕴芳去物色文、老、贫的有识之士，聘任其为文史馆员。经过调查访问，他们一个一个地落实。给马蕴芳印象最深的是龙榆生先生，他是有名的词学大师，很有学问，生活却很潦倒。访问他时，他住在一间阴湿的"灶披间"（沪语，即厨房）里，家徒四壁。当他得知聘任他为文史馆员时，十分欣喜。后来龙榆生在上海音乐学院当了教授，发挥了应有的作用。还有一位是陆小曼女士，能写会画，很有才气。徐志摩死后，她生活无着，又有了毒瘾，统战部去四明村访问时她已十分憔悴，看不出当年的美丽和风采。当时，提出聘任她为文史馆员时，文史馆副馆长江庸和周善培两位老先生竭力反对，理由是她曾过于"浪漫"，她任文史馆员将影响文史馆的声誉。部里派马蕴芳几次上门做两位老人的工作，他们才勉强同意。文史馆成立时，共聘任了几十位馆员，几乎每个人都有或坎坷或动人的故事。

当时统战部有小会客室十几个，常常不敷使用，各式人等纷纷前来反映各种情况和问题，统战部都热情接待，认真调查，一一处理。编审科将各处反映的问题刊登在《反映》上，送中央、华东局、市委领导参阅，作为制定有关政策的参考。

据马蕴芳回忆，陈毅市长和潘汉年副市长利用各种时间和不同场合做党外人士的思想工作和团结工作。陈毅市长很乐意与文化界人士聊天交朋友，有时下班后由他的秘书陈鼎隆同志送他到上海大厦，马蕴芳在大堂等候他，陈秘书对她说："小马，我把老总交给你了。"陈市长与巴金、靳以、叶以群、陆诒、金仲华、柯灵等一见面就聊开了，周而复秘书长用他的稿费，叮嘱马蕴芳买一些点心招待他们，边吃边谈，往往一谈就谈到深夜十一、十二点钟，还意犹未尽。陈市长诚恳坦率、满腹经纶、充满亲和力。潘汉年副市长星期日家里常常宾朋满座，党内外人士都有。他们或谈天说地，或打打桥牌，或个别交谈，潘副市长还自掏腰包请他们吃饭。他举止温文尔雅，说话娓娓动听，态度谦和诚恳，什么问题都可以敞开谈。很多人有问题就去找统战部。[10] 如著名工商企业家荣毅仁，因劳资关系问题棉纺厂工人聚集到他家交涉，他不能在家里待，便跑到上海大厦希望统战部为之解围。周而复听他谈了家中被工人包围的情况，立即向陈毅和潘汉年汇报。统战部不便出面解围，让荣毅仁先暂留在统战部。由潘汉年通知上海市人民政府所属劳动局局长马纯古，派人前去商谈解围。[11]

在陈毅和统战部领导的影响下，统战部干部都喜欢多方面交朋友，交真心朋友，交挚友诤友，化解矛盾，增进团结。马蕴芳就回忆，办公时间他们很少呆在办公室，不是接待朋友，就是出去访问朋友，或是参加各种会议，晚上材料经整理后送部长审阅。在上海大厦办公时，他们都住在机关集体宿舍里，很少有人十二时以前睡觉的。[12]

1950年3月，周而复代表华东局统战部到北京参加第一次全国统一战线工作会议。会后，受到了毛泽东主席的接见，表明了中央高层领导对统一战线工作的高度重视，以及对上海统战工作的重视。回到上海，周而复向华东局、上海市委汇报了全国统战工作会议的精神，并根据市委的指示，召开了传达全国统战工作会议精神的会议，由此统一了思想，让大家认识到，统战工作不是可有可无，而是"党的总路线和总政策的重要一部分，它贯彻到党所领导的工作的各个方面，必须全党上下一致努力才能做好这一工作"。[13] 从此，上海和华东各省市的统一战线工作逐步发展，这是上海统战工作最兴旺的时期之一。

日后成为著名历史学家的陈绛在1950年夏到统战部工作，他开始在秘书处调研科，主要从事文字内勤工作。白天上班，晚上就回宿舍休息。早起还有工友来叠床铺被，打扫房间。在陈绛的记忆里，那段时间，大家生活愉快，气氛和谐，犹如一个大家庭，所有人都沉浸在共和国新生的欢乐和骄傲之中。除了办公，工作人员还有一个俱乐部，下班后大家可以去打乒乓球、康乐球，每周还会请人来，教大家唱进步歌曲，举行舞会。陈毅有时也会在周末来到上海大厦，和大家一起参加舞会。陈绛记得，陈毅个子很高，一点也不拿架子，十分和气地和众人一起参加活动。而秘书长周而复与其说是一位高级干部，不如说更是一位文化人，他晚上会带着年轻人到上海大厦后面的小街吃小笼包、鸭血粉丝汤。一个夏天的晚上，周而复还自己开车带大家到南京路兜风，然后到大世界附近去喝郑福记酸梅汤。潘汉年的妻子董慧当时担任统战部秘书科科长，在年轻人的眼里，她一点也没有副市长夫人的派头，也从不炫耀过去。相反，她和气近人，还经常自掏腰包买水果点心分给大家吃。陈绛和新加入统战部的大夏大学教育系毕业的任佩仪因志同道合而热恋，董慧还热心地推了任佩仪一把说："小任啊，我看陈绛不错，你就不要犹豫了。快点结婚吧！"就这样，陈绛和任佩仪在1953年"五一"劳动节结婚了。遵循当时的新风气，两个人既没有举行婚礼，也没有举办婚宴，只是分发部内同事一些糖果。同事们则合力购买热水瓶、台灯、笔记本等日用品为贺。周而复送给新人一部四卷本的肖洛霍夫《静静的顿河》。董慧送给新人的，则是一把精致的小刀。[14]

2017年6月9日，复旦大学历史系退休教授、上海市经济史学会原会长、上海市文史研究馆馆员陈绛，在上海大厦总经理黄嘉宇、副总经理朱茜的盛情邀请下，重返上海大厦，并写下留言："六十七年重返上海大厦，沧桑巨变，感慨万千。"此行距离他1950年来此工作，已经过去整整67年。

1951年，华东局统战部和上海统战部分开，上海统战部办公地点迁至建设大厦，但是上海大厦的统战岁月并没有就此结束。由于很多统战对象或者住在这里，或者在此出入，统战部经常派人来对他们进行照顾和关心，大厦也经常会向统战部汇报这些人的日常生活情况。宋庆龄曾在上海大厦的1415室工作、居住达半年之久，孙中山故居中的镜框也是由宋庆龄专门向上海大厦家具厂进行订制的。[15]而在大厦中住得最久、最有名的则是郭沫若的日本籍夫人郭安娜女士。

陈绛先生重访大厦（上海大厦提供）

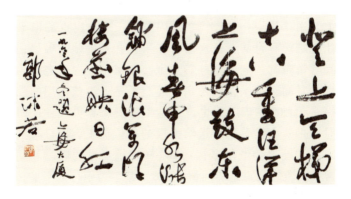

1962年郭沫若为上海大厦题诗（上海大厦提供）

1958年10月，已经65岁的郭安娜女士住进了上海大厦的1614室。在周恩来的亲切关怀下，郭安娜的晚年生活由统战部门负责照顾，每年有半年在大连，半年在上海，并由国家按月发放生活费。到上海主要是每年的冬、春季节。市委统战部派出吴月丽女士负责她的生活，上海大厦方面先后由服务员王瑛、董玉英照顾她的日常起居。从此，吴月丽、王瑛、董玉英都一直和郭安娜保持联系，直至1994年郭安娜去世。郭沫若为感谢上海大厦的工作人员对安娜的盛情款待，曾书写了一幅大字横幅，送给上海大厦作纪念。此字幅原件现仍挂在18层的贵宾会客厅内。

郭安娜在上海大厦的住处摆设比较简单，单人床、写字台，一把椅子，一张小方凳，一对单人小沙发，小茶几上总喜欢放上一盆鲜花。[16] 据董玉英回忆，她喜欢卫生间朝南的房间，里面只放一张单人床。[17] 历经磨难的她，对人仍然非常谦和，说话总是轻声细语，令人感到亲切和温暖。吴月丽回忆，每当她去上海大厦探望时，见郭安娜总是喜欢穿着自己缝制的日本和服。有时郭安娜还喜欢在和服外围上一个小围裙，看得出她又在忙碌着操持"家务"。老人见吴月丽来，总是让她坐在小沙发上，用日语说："请坐""请用茶"。还拿出点心糖果等让她吃。有时甚至还自己将糖果剥开塞进她的嘴里，真是盛情难却。老人牵挂着大家，大家也挂念着老人。看到吴月丽怀孕了，她还亲手缝制了一个小孩子用的棉斗篷送给她。[18] 董玉英也说，她（郭安娜）去大连，回来时会带一大堆苹果，送给大厦的每位员工。去日本回来之后，她也会带很多礼物。[19] 知道她身世的同志和朋友常常会流露出对她的同情、赞叹，甚至为她打抱不平。可她非常明智豁达，她曾对吴月丽说："关于我本人的事，外边说法很多，有的是真实的，有的不是事实。为了不贬低他（郭沫若），我不愿对人说，外国记者来采访，我也闭口不言。我感激党的关怀，但是我希望不要把我抬得太高，不要影响我丈夫的声誉，我不希望贬低他。"凡是与她有过接触的人，无不被她那崇高的境界和宽阔的胸怀所感动。她重病期间，上海大厦的工作人员如董玉英、王瑛等都去看望过。1984年，政府在龙柏饭店给她过九十大寿，她们也都参加了这个庆典。

董玉英在上海大厦楼顶（董玉英提供）

郭安娜的生活很俭朴，吃东西非常简单，房间里有个电炉，她会用电炉烧一些简单的食物，每隔一两天，也会去大厦的餐厅吃点蔬菜，她很喜欢餐厅里做的豆沙包。[20] 她还喜欢出去走走，每逢周末，总是由上海大厦王瑛陪同她去虹桥俱乐部看盛开的鲜花，或在草坪上散散步。[21] 此后，董玉英又经常陪她去逛友谊商店大厦。[22] 平时她喜欢站在窗前向外眺望，有时还会登上 17 楼观看上海全景。她平时很爱读书看报，关心世界和国家大事。每天看书读报是她的主要生活内容。遇到语言障碍，她就向人请教，并向王瑛学习中文。她爱看《人民中国》及中国小说，也爱看俄国小说和戏剧。吴月丽还见她经常收到从日本寄来的各种书籍和杂志，她说：毛泽东著的《实践论》《矛盾论》及毛泽东诗词，她都能看懂。有一次在吴月丽陪同下，她站在上海大厦高层平台看到很多外国轮船行驶在黄浦江中，有的靠在黄浦江边，便感慨地说："我年轻时就跟随郭沫若来到上海，上海是个快乐的世界。我住在这里得到统战部同志的亲切关怀，感到很温暖，很亲切，好像呆在天堂一样。"吴丽月回忆，她（郭安娜）每次从大连回到上海大厦时，她的第一句话是："我又回家了"。她说："我一直把中国看成是自己的故乡。"她既爱日本，更爱中国，把上海大厦看成是自己的家。[23] 其实上海大厦真的是郭安娜的家，据董玉英回忆，郭安娜最初的户口簿上就写着上海大厦的地址。[24]

"文革"时期，这位善良的老人也受到了冲击。郭安娜被赶出了上海大厦，住到了她的儿子郭博家里，生活上和精神上受的打击是巨大的，但是她说："因为我是日本人，过去日本人侵略中国，对中国人民犯了罪，我作为一个日本人心里是内疚的，所以我受点委屈也是应该的，是想得通的。"[25]

十一届三中全会以后，党为郭安娜重新落实了政策。她又回到了上海大厦，直到最后行动不方便才搬去儿子家中。1983年统战部长张承宗与联络处长马韫芳看望安娜时，安娜为表达内心的感激，赠送给张承宗部长100万日元。张部长盛情难却，收了下来，回单位后批示："替她另行保存起来。"当时统战部即以郭安娜名义开了外币存折户名，存入银行。这是安娜的第一笔外币存款。1984年4月20日，吴月丽接到上海大厦电话，说安娜有事找，她立即赶去见她。她见到吴月丽来很高兴，走近壁橱，从中取出了一个存折，内有657万日元。她很严肃地对吴月丽说："这张存折中有300万日元是我自己准备留待日后用的，其余357万日元是我仅有的一些积蓄。这些钱是我多年来靠自己的双手得来的，它不是中国政府给的，也不是日本政府给的。请你将此款取出后全部上缴给国家。"吴月丽请示领导后，将这些外汇连同她以前送的100万日元一并存在以安娜名义的存折上，合计457万日元。安娜曾对吴月丽说："要让孩子依靠自己的双手和辛勤劳动来养活自己，钱不能留给他们。"这笔外汇直至安娜老人去世前一直未动。后来征询家属意见，鉴于安娜老人生前曾从事医护职业，便将该款项连同利息合计516万日元，全部捐赠给位于上海瑞金医院内的上海高级护理培训中心。郭安娜曾对吴月丽说过：
"我虽不是共产党员，但我是无私的。"[26]安娜老人就是
这样用实际行动把日本人民同中国人民紧紧地联系在一
起。而上海大厦作为郭安娜的"家"，也成为这段历史
传奇佳话的见证者。

二、阳台上的风云际会

上海大厦与新中国外交联系在一起，始于军管会的
外侨事务处。在新中国成立前，上海是居住外国侨民最
多的城市，上海解放时，虽然西方列强的军事力量已经
撤离，但是一些外国的官办机构以及接受外资津贴的文
化、教育、宗教、救济等机构和团体、外国通讯社、报
纸，对国计民生有影响的重要外资公用事业和工商企业
依然存在，据统计，当时在上海还有外国侨民约 2 万人。
因此做好外事工作，是上海解放后的一项重要工作。周
恩来领导的中央外事小组早就作了准备。1949 年初，章
汉夫、徐永煐便带领干部南下。5 月 11 日，上海市军事
管制委员会外侨事务处在丹阳正式成立。上海解放后，5
月 30 日，梁于藩奉命以军代表身份率领接管小组接管位
于圆明园路 185 号的国民党政府外交部驻沪办事处和在
江西中路国民党上海市政府大厦内的"上海市政府外事
室"。6 月 5 日，外侨事务处在圆明园路 185 号正式对
外办公，同年 8 月搬迁至苏州河畔的百老汇大厦二楼。
中央人民政府成立后，章汉夫被任命为外交部副部长，
随即于 1949 年 12 月赴京任职。副处长徐永煐也同时离
沪去外交部。1949 年 11 月，原南京外侨事务处处长黄
华调来上海，接替章汉夫的工作。1950 年 12 月起，外
侨事务处改名为外事处，黄华任处长，俞沛文任副处长。

上海解放时，全国相当一部分地区尚未解放，中央
人民政府尚未成立，我国同世界各国都未建立外交关系，
如何对待在上海的数量众多的外国官方机构、外资企业、

外国报纸及记者、外国人经营的文化、教育、宗教机构及外侨，是一个十分特殊、复杂而敏感的问题。这既涉及如何对待帝国主义在中国的残余势力、维护我国主权，又涉及如何保护普通外侨的合法利益，如何执行即将成立的中央人民政府的对外政策，如何使刚解放的上海生产及生活得以保持正常、社会秩序得以保持安定的问题，更是中华民族实现"还我独立和尊严"的百年宿愿的一个关键问题。毛泽东对于外事工作曾经提出"另起炉灶"和"打扫干净屋子再请客"的具体方针，即不承认国民党时代的任何外国外交机关和外交人员的合法地位，不承认国民党时代的一切卖国条约的继续存在，取消一切帝国主义在中国开办的宣传机关，立即统制对外贸易，改革海关制度。在做到了这些以后，中国人民就在帝国主义面前站立起来了，剩下的帝国主义的经济事业和文化事业，可以让它们暂时存在，由我们加以监督和管制，以待我们在全国胜利以后再去解决。对于普通外侨，则保护其合法的利益，不加侵犯。

1949 年 10 月 1 日，中央人民政府成立，周恩来以外交部长名义，致函各国驻华官方机构，请其将中华人民共和国中央人民政府毛泽东主席当日发表的公告转交其本国政府。公告宣告中华人民共和国中央人民政府的成立并宣布愿与一切遵守平等、互利及互相尊重领土主权原则的外国政府建立外交关系。苏联、捷克斯洛伐克等因当即宣布承认我国（苏联及捷克驻沪总领事馆于 1949 年 12 月及 1950 年 6 月先后开馆）。从此，上海开始有了官方的外事工作。而那些不愿立即承认我国的国家前使领馆，因无借口要求官方地位及外交身份，摆在他们面前的首先是是否承认我国政府，并最终决定自己去留的问题。其中一部分由于其政府未承认我国政府，他们先后撤退人员、减少活动，以至闭馆撤离。另一部分则在其政府承认我政府，并在北京设立使馆或代办处后，转为领事馆或在上海办理侨务人员，取得为我国承认的官方身份。

当时以美国为首的一些势力，以为上海离开了外商与对外贸易，就会崩溃。他们鼓动其商人趁机解雇职工，减少资金，申请歇业，刻意为难。1950年2月6日，国民党飞机轰炸上海，严重破坏了供给上海动力4/5的美商上海电力公司杨树浦发电厂。接着美国宣布撤回其全部驻华领事人员，并借机再次鼓动其他外侨撤退，歇业停产。这是美国配合国民党继封锁之后企图制造严重困难的又一图谋。梁于藩回忆，当时他一面批准外轮来沪撤侨、撤馆、批准进出口保险行业歇业等，批准在沪无未了事务的外侨离境，一面动员工人市民，抢修电厂、节约用电、加强防空，逐步恢复生产，稳定局面，使整个城市的生产和生活得以正常进行。1950年底，美国政府冻结了我国在美的资产和存款。根据中央指示，外事处对上海的150多家美资企业实行军事管制，以后根据各企业的不同情况，分别加以征用或促其结束。从进入上海起，外侨事务处在处理各项涉外事务中，与军管会所属其他部门密切配合，互相协作。因此，虽然上海的涉外事务十分复杂，但由于有中央及市委、市政府的正确领导及有关部门的协作，各项工作均得以顺利完成。[27]

1950年6月，世界民主青年代表团即将访问上海。这是解放后上海第一次接待数量较多的外宾。市长陈毅对此甚为重视，由当时的外事处处长黄华全面领导，下设翻译组，具体由副处长俞沛文负责。解放初期上海缺乏外语人才，即由市府从两所美国教会大学圣约翰和沪江的英文系应届毕业生中挑选了4个进入外事处工作，当时年仅19岁的医科学生钱绍昌成为其中唯一的一位男性。[28]当时英语人才急缺，在上海大厦举行的由外事处组织的招聘工作很多。日后成为著名翻译家的董乐山回忆，当年他也曾在上海大厦参加中华全国总工会国际联络部的招聘，只不过他没有被录取。[29]

钱绍昌回忆，当时他们的办公地点就是在上海大厦楼上。由于大厦的门口有解放军站岗，所以给每人发了一块布制的出入证，别在胸前。他觉得很新鲜，也很得意，戴着证件到处转。他们的第一件工作是将一批近30万字的有关上海历史、文化、政治、经济的资料译成英文。有许多政治和经济的内容，他们过去在学校里没有学过，特别是解放后出现的新名词，根本翻译不出来，汉英词典里也找不到，因为那都是解放前出版的，很陈旧。就只好从当时仅有的外文资料《新华社外文电讯》里去找，但往往也找不到，他们就自己"创造"，用了两个多月时间总算把这批资料翻译完了。

世界民主青年代表团抵沪后，陈毅市长接见了代表团全体成员。代表们早就听说陈毅是有名的"虎将"。见面之后发现他英姿焕发而又温文尔雅，谈吐风趣，大家都很兴奋，感到很受重视。钱绍昌被派陪同英国代表内特尔登（Nettleton）做翻译，陪他参观、访问、做报告、出席欢迎会、座谈会等。所到之处极受欢迎，因为那时西方国家敌视新中国，而这位英国青年能冲破重重障碍来访问刚成立不久的新中国是很难能可贵的。内特尔登当时不过20来岁，比钱绍昌大不了几岁。他对新中国的一切均感兴趣，十分好问，钱绍昌常被他问得不知如何回答。例如当时都把"民主党派"直译为"democratic parties"。他就问，那么共产党是否就是"不民主的政党"了？钱绍昌说当然不是，并向他解释这是毛泽东主席在抗战后期提出来的称呼，指民主同盟等民主党派，以区别于不民主的国民党。他听了以后觉得不太满意，认为这样译有缺点。又例如政府在解放后取缔投机倒把，"投机倒把"的正式译法是"speculation and profiteering"，外文的意思是"通过猜测市场价格变化进行买卖而牟利"，他就问这为什么是违法。钱绍昌跟他解释了半天也解释不清楚。在一旁的领导同志也听得糊涂，不知道他们两人在纠缠什么。[30]

1954年10月，上海市外事处迁至南京西路1418号

苏联专家在上海大厦楼顶（上海市档案馆藏）

办公，但是上海大厦的外交风云却是从这一刻才真正开始了最华彩的篇章。上海大厦处在苏州河与黄浦江"江河汇秀"的绝佳之地，又呈东西走向，是一个将外滩风光和浦东秀色一收眼底的绝好方位，也因此曾被称为"浦江最佳景观观览点"。从18楼平台上俯瞰黄浦江，宽阔的江面巨龙摆尾般甩了几个弯道奔向东海，仿佛带动着整个城市奔涌的脉搏。如今挂在上海大厦18楼贵宾室里的《登高铭牌》上写道：中华人民共和国成立后共有120多批世界各国政要登临上海大厦，如金日成、西哈努克、塞拉西皇帝、伏罗希洛夫主席等，给这座大厦增添了许

招待马里政府文化代表团菜单

四双拼盘　全钱肺　虎皮鸽蛋　软炸明虾　蘇菇烩菜　红烧鱼脑　白脆鸭　鸡翅　烤鲥　酒蒸鸡　黄桥烧饼　杏仁豆腐

1963 年招待马里政府文化代表
团的菜单（上海市档案馆藏）

多高端的人文色彩。20 世纪 50 年代登临大厦的主要是社会主义国家党政领导人和亚洲近邻的兄弟党的领导人。1957 年日本农业技术访华团来到上海，团员山田谈了他在上海大厦顶层看上海时的心情。他说，旧上海的那种感觉没有了，中国人民洗净了历史的尘埃，以明朗喜悦的心情建设着，要把自己的国家建设得更美丽。中国政治就是由全国人民这一心情所组成，这就是民主政治。1958 年，金日成首相和他所率领的朝鲜政府代表团在游览市区时，登上了上海大厦 17 层楼，俯瞰上海全景。当时的媒体报道："昨天上午，首相和陈毅副总理、许建国副市长等一道倚在阳台的栏杆上远眺。这时晨雾渐散，在阳光照耀下，林立的烟囱，喷吐着滚滚浓烟，黄浦江边的大道上，车水马龙。首相说：一望无际，上海是多么大啊！"[31]1959年国庆十周年时，有28个国家的共产党代表团访问上海，上海大厦从10月3日至20日接待了20余批850余人的外宾来大厦顶层参观，这些人包括兄弟党的代表团、社会主义国家元首、其他国家的贵宾和社会团体的代表。捷克总统诺沃提尼、阿尔巴尼亚部长会议主席谢胡、匈牙利主席团主席伊斯特万、保加利亚议会主席加涅夫等都是在此时登临大厦。据当时的档案记载，10月10日，有巴西到访人员看了大厦的风景，赞叹道："上海真是世界少有。"他问陪同人员："外滩灯光平时是否这样亮？"陪同人员回答："平时没有这样亮，这是因为庆祝国庆节日。"他又问："此地这么高，有没有从这里跳楼自杀的？"陪同人员回答："解放以后就没有过"。10月12日近18时，智利记者代表团4人，他们看了之后专门问："上海为什么看不到教堂？"陪同人员回答，上海还有一些教堂和教徒，只不过从这么高的地方看得不那么清楚。[32]

新中国的第一任总理周恩来对上海大厦情有独钟，他生前曾多次陪同外国元首和政府首脑登上上海大厦的18层平台，鸟瞰上海全景。进入70年代之后，中国和西方国家的交往开始日益密切。1973年9月，身患重病的周恩来总理全程陪同法国总统蓬皮杜访华，最后一站就是看望能够引起他无限回忆和怀念的城市——上海。9月16日，双方签订的《联合公报》发表，周恩来总理和蓬皮杜在上海大厦共祝中法友好合作关系的发展。这一天，周恩来较早地来到上海大厦18楼等候外宾，在贵宾室小憩片刻，周恩来呷了几口茶，信步走上休息室外边的阳台。那天的周恩来向陪同人员严肃而深情地回忆了他在上海的革命岁月，以及早年他在礼查饭店的惊心动魄的故事。高高的大厦，尘封的往事，流淌的江水——真是一幅历史画卷。这次也是周恩来总理最后一次陪同外国客人来上海。

上海大厦中与外事有关的还有一个特殊的部门，国际友人服务部。这个服务部是1949年底为服务苏联专家而设的，当时由大厦招商，各经营单位独立经营，大厦收取5%的管理费。1953年4月，由中百公司接办。随着中国外交事业的拓展，来访的各国友人日益增多，这些外宾一般都安排在国际友人服务部购物，而服务部门口一直只有英语一种。1957年，中共上海市委国际活动指导委员会办公室特别发文给市第一商业局，让其转饬中百公司，让国际友人服务部门口增加英、法两种文字。[33] 但是由于中百公司的经营方针并不能满足外宾的需要，引起上海大厦的不满，准备收回自己经营。正当此时，1958年，市政府决定设立将国际友人服务部改为友谊商店，直到1970年友谊商店迁入外白渡桥对面的中山东一路33号，而上海大厦仍然有自营的商品部向来宾销售商品。[34] 由于大厦设有国际友人服务部，来大厦的外宾更多，也更加复杂。1959年10月10日上午，就有一位身材高大、身穿西装的外国人走进大厦，购物之后又在大厦溜达，在那个时代，这是会引起骚动的事情。大厦立刻向外事处汇报，得知是新加坡某船公司的船员，其人一切正常，上下才放心。[35]

1973年，朝鲜《劳动新闻》访华代表团在上海大厦顶层和上海的作家、艺术工作者会面。《劳动新闻》的记者如此描述登上上海大厦俯瞰上海夜景时所看到的壮观景象："那黄浦江漂动的船舶上金光闪闪的灯火，还有那四面八方纵横交错的漂亮的街道，这一切，犹如无数火花交织成的海洋，美丽如画，引人入胜。""无数灯火点缀着中国的大城市——上海之夜。我们仿佛感到，一盏盏灯火都充满了上海人民美好的心愿和感人的事迹。从大厦顶上举目远眺，上海之夜的灯火在我们面前闪耀，显得更加灿烂而富有情意。"[36] 在那个特殊的年代，上海大厦阳台上的美景向全世界传递着中国的声音和信息，为中国的外交作出了特殊的贡献。

上海大厦
BROADWAY MANSIONS

沈从文上海大厦速写

（《沈从文全集》）

在上海大厦楼顶打麻雀

（上海市档案馆藏）

三、动荡中的上海大厦

1957 年 "五一" 节前后，沈从文参加了全国政协安排的南下视察活动，此行他在上海逗留了十多天。这天一大早，沈从文从他所住的上海大厦窗口俯瞰外白渡桥上走着的红旗队伍，场面热闹，歌声飘荡，锣鼓喧天。他对着窗外的景色，给妻子张兆和写信，信中还附了三幅速写，每一幅都有文字说明。第一幅，"'五一'节五点半外白渡桥所见"：江潮在下落，慢慢的。桥上走着红旗队伍。艒艒船还在睡着，和小婴孩睡在摇篮中，听着母亲唱摇篮曲一样，声音越高越安静，因为知道妈妈在身边。第二幅，"六点钟所见"：艒艒船还在做梦，在大海中漂动。原来是红旗的海，歌声的海，锣鼓的海。（总而言之不醒。）第三幅：声音太热闹，船上人居然醒了。一个人拿着个网兜捞鱼虾。网兜不过如草帽大小，除了虾子谁也不会入网。奇怪的是他依旧捞着。[37] 这正是时代的宏大潮流汇集和裹挟着人群轰轰隆隆而过的时代，沈从文不为这样的 "热闹" 所动，他关注的只是一个小小的艒艒船。他在信中还在问："这些艒艒船是何人创造的？虽那么小，那么跳动——平时没有行走，只要有小小波浪也动荡不止，可是即到大浪中也不会翻沉。因为照式样看来，是绝不至于翻沉的！" 然而他没想到，大时代的潮流是会将艒艒船 "翻沉" 的，艒艒船如此，沈从文自己也如此，上海大厦也一样卷入随之而来的时代大潮中去。

1966 年 5 月，"文化大革命" 爆发，上海大厦也未能幸免于难。但如果上海大厦这样的饭店处于混乱状态，可能会影响国际形象。因此，决定对锦江、和平、国际、衡山、华侨饭店和上海大厦这六家涉外饭店实行军管，专门成立中国人民解放军上海警备区上海市六个饭店军事管制委员会。只不过在 1969 年，又将这六个饭店的财务工作移交给市革命委员会办公室。[38] 当时，为确保安全

上海大厦
BROADWAY MANSIONS

和对外形象，上海大厦制定了严格的制度，如包房（包括首长房间）会客必须事先征得被访人同意；市委、市革会各组办工作人员因公来厦，必须经联系后凭机关出入证上楼会客。客房会客，只有以下几种情况方可出示证件上楼，即被访者因病残不能下楼，需观看机密资料图纸，经接待单位指明，因工作关系需上楼办公者。[39]此后，上海大厦进入了一段平静时期，很多被批斗的老干部和知识分子经常将这里作为避风港，实在受不了就跑来躲一阵子。

但是在当时的情况下，上海大厦正常经营仍然有很多困难，特别是大厦的设备得不到维护。如高频率扩音机是解放前产品，使用年久，无法修理，已经不能正常工作，开团体会议要外借，房间听不到广播，客人意见很大。又如水泵陈旧，蒸汽量不够用，在冬季无法保持20℃的恒温。冷水管使用年久，已经锈烂，随时都会发生故障。[40]员工素质也每况愈下，当时就反映厨师力量相当薄弱，老的不够用，新手接不上。服务对象发生改变，常年烧大锅菜，接待室外宾时有时无，少有锻炼机会，难以迅速全面地提高业务技术，上级或外单位来借调厨师时，更觉困难，认为与"当前革命形势和饭店的政治接待任务很不适应"。所以1972年军管会决定在锦江、衡山、上海大厦三个饭店尝试开设对外餐厅，以便更好地在实践中加快培养新厨师，其中上海大厦的对外餐厅便设在浦江饭店底层的朝外白渡桥一角，共3个房间，可容纳100人。[41]

即使是上海大厦引以为傲的观景阳台，此时也受到了重大的挑战。多年以后，1972年进大厦工作的王思云这样回忆：此时苏州河已黑臭。由于没空调，上海大厦客房还是老式钢窗，密封性差。异味随风吹来，无孔不入。冬天刮北风还好些，夏天吹南风就更臭了，客人不愿住南面客房。苏州河当时船只昼夜来往，小拖轮噪音很响。还有河南路桥的粪便码头和垃圾码头，异味吹来，"异物"飘来，使上海大厦"受连累"，曾有一度，高档客人选择投住别处。[42] 除了异味，大气污染也是重要的负面影响。当年金日成来访时，"在阳光照耀下，林立的烟囱，喷吐着滚滚浓烟"是一件值得夸耀的事，而到了20世纪70年代却已经成为上海大厦的一桩痛事。1972年，当时的上海市委领导陪同外宾登上上海大厦观看上海市容时，"发现周围有些单位的烟囱除尘工作搞得不好，浓烟滚滚，污染大气，危害人民身体健康，对外也造成不良影响"。有关领导专门指示："这些工厂的烟囱要分别告诉各局、公司和厂，请每个单位发动群众讨论提出解决期限。"[43] 20世纪70年代后期以后，上海大厦渐渐淡出了接待贵宾的行列。

1972年，黑格将军为落实尼克松访华的事宜，先期访问上海，登上了上海大厦楼顶的阳台。一些敏感的人从中意识到，某种重要的变化就要降临了。1976年10月6日，中央采取果断措施，一举粉碎"四人帮"，并派出以苏振华、倪志福、彭冲为首的中央工作组，接管上海。1976年10月12日，根据中央的决定，中央、国务院20多个部委、局及北京市委奉命参加工作组的同志共100多人，于同一天飞抵上海。各部到上海名义上是了解1977年计划安排情况，实际上是接管上海市，任务相当艰巨。

各部由部长、司局长带队，选派的干部都是政治上较强、业务精通的骨干。中央工作组的指挥部设在锦江饭店南楼。苏振华、倪志福、彭冲的工作班子在那里住宿和办公。而各部委同志一开始分别住在各个饭店或招待所，既不安全又不方便。于是，从10月23日起工作组集中居住和办公，其中在1976年12月2日至1977年3月8日，工作组集中居住在上海大厦，这是工作组集中居住和办公时间最长的一个地方。

日后曾任国家经济体制委员会司长，当时在轻工业部工作的郑定铨回忆，集中居住和办公，保证了安全，

上海大厦
BROADWAY MANSIONS

为开展工作创造了有利条件。原来他们在延安饭店住宿条件和伙食都比较差。搬到上海大厦后，用餐有了改善，但住房仍很紧张，司局级干部和助手两人合住一间。副部级以上才能住单间或套间。在上海大厦，时任轻工业部司长的谢红胜与他合住一间，同吃、同住、同办公。任务繁重，工作十分辛苦，许多同志经常白天去市委、市革委各组和有关局了解情况，晚上看文件、写材料。为适应这种特殊情况，工作组实行一天四餐制，每天晚上 22 点加一次夜宵。上海大厦的面食、小点心做得很好，工作组的同志中有许多人出生在上海、江浙一带，夜宵适合大家的胃口，同志们边吃边聊，相互交流，难得轻松一下。餐后精力充沛，又继续工作，经常通宵达旦，不知疲惫。1977 年春节期间，工作组大部分同志回京过年，只留少数同志在上海值班，谢红胜和郑定铨在上海过年。除夕夜，他们在上海大厦餐厅点了四个菜、一瓶白酒，高高兴兴吃年夜饭。到 4 月份，市委办局一级领导班子已经配备好，揭批"四人帮"运动已正常开展起来，工作组逐步撤出，分批回北京。临结束前，工作组在上海大厦拍了张合影。[44] 他们的工作结束了，而一个新的时代开始了。

注 释

1, 周而复：《往事回首录》上部，《周而复文集》第21卷，文化艺术出版社2004年版，第312—313页。

2, 朱少伟：《新上海第一件民主人士提案诞生记》，《解放日报》2019年6月13日第11版。

3, 周而复：《往事回首录》上部，《周而复文集》第21卷，文化艺术出版社2004年版，第312页。

4, 马韫芳：《回忆解放初期的上海统战工作》，《上海市社会主义学院学报》2011年第5期。

5, 陈绛：《上海大厦里的"统战岁月"》，《解放日报》2017年3月3日第11版。

6, 周而复：《往事回首录》上部，《周而复文集》第21卷，文化艺术出版社2004年版，第405页。

7, 周而复：《往事回首录》上部，《周而复文集》第21卷，文化艺术出版社2004年版，第403页。

8, 朱少伟：《新上海第一件民主人士提案诞生记》，解放日报2019年6月13日第11版。

9, 郑励志：《忆解放初期在台盟总工作的日子》，台湾民主自治同盟上海市委员会、政协上海市委员会文史资料委员会编：《上海文史资料选辑》2010年第3期。

10, 马韫芳：《回忆解放初期的上海统战工作》，《上海市社会主义学院学报》2011年第5期。

11, 周而复：《往事回首录》上部，《周而复文集》第21卷，文化艺术出版社2004年版，第437页。

12, 马韫芳：《回忆解放初期的上海统战工作》，《上海市社会主义学院学报》2011年第5期。

13, 周而复：《往事回首录》上部，《周而复文集》第21卷，文化艺术出版社2004年版，第414页。

14, 陈绛：《上海大厦里的"统战岁月"》，《解放日报》2017年3月3日第11版。

15, 《宋庆龄持续21年亲自整理孙中山文物》，《劳动报》2015年12月13日。

16, 吴月丽：《与郭沫若日籍夫人安娜相处的日子（一）》，《档案春秋》2008年第8期。

17, 董玉英女士访谈，2020年7月17日采访。

18, 吴月丽：《与郭沫若日籍夫人安娜相处的日子（一）》，《档案春秋》2008年第8期。

19, 董玉英女士访谈，2020年7月17日采访。

20, 董玉英女士访谈，2020年7月17日采访。

21, 吴月丽：《与郭沫若日籍夫人安娜相处的日子（一）》，《档案春秋》2008年第8期。

22, 董玉英女士访谈，2020年7月17日采访。

23, 吴月丽：《与郭沫若日籍夫人安娜相处的日子（一）》，《档案春秋》2008年第8期。

24, 董玉英女士访谈，2020年7月17日采访。

25, 吴月丽：《与郭沫若日籍夫人安娜相处的日子（三）》，《档案春秋》2008年第 10 期。

26, 吴月丽：《与郭沫若日籍夫人安娜相处的日子（四）》，《档案春秋》2008年第 11 期。

27, 梁于藩：《上海解放初期的外事工作》，《上海解放四十周年纪念文集》编辑组编《上海解放四十周年纪念文集》，学林出版社 1989 版，第 136—142 页。

28, 钱绍昌：《解放初期当翻译》，《新民晚报》2011 年 10 月 30 日 B2 版。

29, 董乐山：《沉默的竖琴》，四川文艺出版社 2018 年版，第 57 页。

30, 钱绍昌：《解放初期当翻译》，《新民晚报》2011 年 10 月 30 日 B2 版。

31, 《金日成首相勉励工人创更大成就》，《解放日报》1958 年 12 月 5 日第 1 版。

32, 《上海大厦关于 1959 年国庆治安保卫工作的总结》，上海市档案馆藏档案 B50-2-264-61。

33, 《中共上海市委国际活动指导委员会办公室关于建议上海大厦国际友人服务部门口增加英法两种外文名称问题的函》，上海市档案馆藏档案 B123-3-1188-1。

34, 《不该消失的友谊商店》，《申江服务导报》2005 年 6 月 15 日 C04 版。

35, 《上海大厦关于 1959 年国庆治安保卫工作的总结》，上海市档案馆藏档案 B50-2-264-61。

36, 朝鲜《劳动新闻》访华代表团：《巨大发展的步伐》，《人民日报》1973 年 8 月 18 日第 5 版。

37, 沈从文：《致张兆和：1957 年 5 月 2 日》，《沈从文全集》第 20 卷《书信》，北岳文艺出版社 2002 年版，第 177—178 页。

38, 《上海革命委员会办公室行政组关于六个饭店财务接交情况的汇报》，上海市档案馆藏档案。

39, 《上海大厦服务台关于会客工作的几点做法》，上海市档案馆藏档案 B50-4-46-23。

40, 《六个饭店军管会关于维修房屋与添置部分设备的请示》，上海市档案馆藏档案 B50-4-35-1。

41, 《关于锦江、衡山、上海大厦开设对外餐厅的请示报告》，上海市档案馆藏档案 B50-3-76-27。

42, 《如今“面河房”抢手 上海大厦见证苏州河“脱臭变景”》，《新民晚报》2012 年 3 月 11 日。

43, 《上海市城市建设革命委员会关于上海大厦周围黑烟囱除尘问题的报告》，上海市档案馆藏档案 B1340-3-560-11。

44, 郑定铨：《奋战上海 200 天》，《百年潮》2011 年第 4 期。

BROADWAY MANSIONS

上 海 大 厦

第六章

焕发新颜的
上海大厦

一、变革中的上海大厦

　　进入 20 世纪 80 年代以后，春天的气息越来越浓，中国的大门逐渐敞开。1980 年，上海市机关事务管理局和市外贸局商定，在请示市政府办公厅同意后，决定在国际饭店屋顶承办瑞士浪琴表广告，在上海大厦屋顶承办日本索尼电气公司广告，这是上海大厦屋顶上 30 年来第一次出现广告。[1] 随着改革开放步伐的加快，外事活动日趋频繁，国外大量的投资者、旅游者纷纷涌入我国，境内外客人大量增加，上海大厦迎来了一个全新的发展期。根据上海大厦 1980 年的工作总结，全年接待外宾、华侨突破 10 万人次，中宾 24 万人次，客房出租率始终保持在 80% 以上，高峰时达到 126%。总收入突破 666 万元，增长 49.3%，利润突破 200 万元，增长 30%。[2] 但源源不断涌来的客人也带来很多的问题，即国内宾馆酒店数量和质量远远跟不上日益增长的需求。据当时的史料，1981 年、1982 年 4-6 月、8-10 月等旅游旺季，上海很多宾馆出租率超过 100%。1983 年 9、10 月旅游旺季期间，上海甚至出现了有 38 夜无法按合同向 8200 人次的外国旅游者提供合适住房，引起游客强烈不满，发生争端，旅行社给予经济赔偿。

沪府机密80年第145号
上海市人民政府机关事务管理局（请示报告）

关于上海大厦等楼顶承办
国外广告问题的请示报告

市人民政府办公厅并报敬题平钦书长：

我局关于在上海大厦、和平饭店、国际饭店、华侨饭店、达华宾馆、衡山宾馆、上海展览馆（两翼）等七处楼顶承办内外商广告经营业务的设想，前已书面请示裘似书长同意。现经与市外贸商定，拟在国际饭店最顶承办瑞士浪琴表厂广告、在上海大厦楼顶承办日本"索尼电气公司"广告（附草图）。目前瑞士厂商、日本索尼电气公司，均特派人来沪签订上述广告协议。但是，其中有两个问题需请示领导决定：

一、关于广告时限应如何确定为受。国外厂商以此类高层广告工程大、投资多为由，要求至

—1—

上海市人民政府机关事务管理局关于在上海大厦等楼顶设立广告牌的请示（上海市档案馆藏）

　　为了解决这一矛盾，当然必须大规模建造新饭店，但改造老饭店也势在必行。据当时的调查，改造老饭店，每间客房平均成本为12000多元。而新建客房每间则需48000元，可见改造老饭店比建造新饭店更节省投资，建设速度快，在短期内无法大规模建设新饭店的情况下，改造老饭店不失为一项合理的选择。[3] 而且上海大厦这样的老饭店长期未经改造更新，设备已经严重老化，房间规格低，家具破损，"不少浴间的马桶圈、盖油漆脱落，水暖零件'克罗米'剥落，镜子水银失光等"。[4] 在这种情况下，对上海大厦的更新改造就被提上了议事日程。

　　早在20世纪70年代末，为了适应旅游事业的发展，

上海大厦
BROADWAY MANSIONS

上海大厦 1980 年工作总结

存以四化为中心的新时期，我们自豪地迎到了80年代的第一个年头。回顾一年来的工作，在机管局党组的领导下，认真学习、贯彻了党的三中、四中、五中全会的精神，坚决执行了党的方针政策，紧紧抓住为四化建设多作贡献这个前提，并围绕这个前提展开了饭店的各项工作。由于全店干部、职工的共同努力，艰苦劳动，圆满地完成和超额完成了各项经济指标及上级交给我们的任务，主要有十个方面的成绩：

一、狠抓挖潜增级，全面完成了经济和政治接待任务。

今年的经济任务和接待任务完成得很好。在经济上，全年的总收入达六百六十六万七千余元，比去年增加了二百二十余万元，增长率48.3%，利润为二百万零三千　　余元，比去年增加了近五十万余元，增长率为30.8%；兑换外币五百六十余万元，比去年增长55.6%，为企业增收手续费一万一千五百余元；废品总收入为五千七百余元；饭店工作人员的年劳动生产率平均每人一万一千六百二十五元，比去年增长了三千八百八十七元，为50.2%；每个工作人员创造的利润为三千三百一十二元，比去年增加了六百四十八元，为24.3%；这些指标都大大超过了原来的计划，创造了饭店的新记录。经济收入和上缴利润的增加，除了房价调整的因素外，主要原因是依靠和发动群众，千方百计动脑筋想办法，挖掘潜力的结果。

在接待工作上，一年来，共接待外宾、华侨十万零三千人次，比

~1~

1980 年上海大厦工作总结
（上海市档案馆藏）

上海市对锦江、和平、国际、上海大厦、衡山、延安等 9 家大型老饭店进行了改造，使接待国外旅游者的床位从 1900 多个增加到 3800 多个。[5] 当时上海大厦改造的主要措施有以下几个方面：一是将原有多套间客房改为单间客房；二是楼房加层。当时决定将原 4 层汽车间加建一层，原地下室炉子间上新建 5 层，再将各层用天桥与大厦连接。三是安装空调设备，提高客房的标准，到了 1979 年夏，已开始给旅客送冷气。到了 1980 年，上海大厦又对店容店貌进行了大的调整。当时主要做了以下几个方面的工作：一是将底层大厅和 19 楼宴会厅全部铺设了地毯。二是客房调换了新羊毛地毯。三是所有客房和公共场所都

新贴了玻璃纤维墙布。四是更新了部分楼面的家具。五是将 2 号行李电梯改装为自动化的客梯。六是将北大门改装成自动门。七是装修和安装了旅游餐厅的穹形顶和大型孔雀形组灯，新换了落地挂帘。八是增设了电报室。九是南、东大门安装了霓虹灯。十是全面整修了 3—9 层的 147 个客房和一楼餐厅的设备。同时还改革了大厦的 3 号锅炉，增砌了夹花墙，增强了重油燃烧力，使烟囱基本不冒黑烟，修复客房通风管道，改善浴间通风条件，同时逐步解决各楼面烟囱房间的隔热问题。[6]

更大规模的改造则开始于 1984 年。1983 年 12 月 28 日，上海大厦与香港艺林公司与利登设计工程有限公司签订了总价 1208623.6 元的客房改造合同。其中香港艺林公司负责 10—16 层的客房改造，12 个三套间，4 个大的二套间，11 个小的二套间，以及 50 个单间，总计 77 个间套，第 5—8 层单间的卫生间 79 个，全厦 14 个楼面穿堂的改造，包括新增满铺地毯、改用新式顶灯，油漆天花板以及墙面修补，整个大厦的钢窗全部改为古铜色铝合金窗配茶色玻璃等。改造装修标准应高于锦江北楼 311 号样板房的水平，三套间中有 5 个套房分别改装成中式、美式、英式、法式及豪华式特色套房，每套房配备 2 套厨房设备，所属阳台为室内花园或日光浴室，各配备一台冰箱，一套自动窗帘。另外由利登公司负责第 5 至 9 层的客房，包括大的二套间 20 套，小的二套间 2 套，单间 12 间，总计 34 套间的改造装修更新。[7]1984 年，上海大厦又申请 179 万元的改造工程，包括改造门厅，包括正面底层的外墙、大门路、内厅和咖啡室的扩大，东大厅加层，调换三部电梯，二、三、四层楼 60 间卫生间的更新改造，一楼餐厅改造，外墙清洗补漏防渗，将一楼阳台改为二层餐厅，东西大门上面的两个阳台改为厨房，一楼扩建改造后，将十七楼餐厅改造成 11 间豪华单间客房。此后又陆续调整，增加了 92 万的改建项目。包括底层外墙调换茶色玻璃，拉闸、大理石更换，咖啡室扩大为西菜咖啡厅，缩小理发室建厨房，将行政办公室、电报房改装为酒吧、舞厅，东西大门上面加层外墙装修，将服务科办公室、小卖部底层仓库扩大为商品部，东西大厅内加搁楼，服务科办公室、小卖部底层仓库搬入，以直接增加经济效益等。[8]此外，还对外墙建筑进行了自建成以来的首次清洗，大厦的服务员后来回忆："当时大厦请了香港的公司来清洗，他们用的药水有一股香味，洗过后，整幢楼都白了一层。"[9]此次整修之后，大厦内外面貌焕然一新，成为当时上海老饭店进行更新改造的经典。《解放日报》曾专门刊文指出："具有五十多年历史的上海大厦，经过两期工程的修建，现已面貌一新。走进大厦，好比来到了一座新造的大饭店。原来的平台，还被用来增加两层餐厅，扩大面积七百平方米。两期工程和更新设备的费用，只有新造价的五分之一，而社会效益、经济效益却十分显著。他们的成功经验，为全市老饭店的改造作出了样子。"[10]

在大规模的改造的同时，大厦还对各种人员进行行业务培训和外语培训，力求在接待宾客的服务水平上达到新的高度。80年代前期，上海大厦的服务水平有口皆碑，受到了各方面的夸奖。1980年，上海大厦曾接待了美国雪佛兰汽车公司旅游团1141人，前后分6批住了48天。组织这次旅游团的美国"林德布雷德"旅行社的布朗说："上海大厦的接待工作超过我们的想象，有90%以上的客人认为上海大厦的服务超过其他国家，设备条件虽然没有其他国家好，但热情服务是世界第一流的。"[11]1983年9月10日至10月2日，第五届全国运动会在上海举行。上海大厦负责接待大会组委会和全国31个代表团的团部，总计1247人（含浦江饭店），其中副部级以上干部42人，同时还承办了9月16日600人的开幕式酒会和10月1日1200人的闭幕式酒会，受到了国家体委、各省体委和运动员的一致好评。时任国家体委副主任的徐寅生在表扬信中说："上海大厦的全体同志为第五届全运会提供了热情周到的服务，正因为有了许许多多的无名英雄，任

沪府机管（84）字第2号
上海市人民政府机关事务管理局（请示）

关于上海大厦改造客房的请示

市进出口办公室：

我局上海大厦客房更新改造项目，已于一九八三年十二月二十一日报送你办审批。近日该店又和市投资信托公司与香港艺林公司和利壁设计工程有限公司作了进一步洽谈，征得你办口头同意，于一九八三年十二月二十八日和三十日分别与上述两港商公司签订了承包客房改造的合同，现将合同（复印本）送请审批。鉴于是项工程，系引进国外先进装饰技术，需在今年三月底旅游旺季到来之前完成更新改造，时间紧迫，因此，我们要求整个工程项目，包括工程的材料设备进口业务，全部委托市投资信托公司办理，望尽快予以审批。

上海市人民政府机关事务管理局
一九八四年一月三日

抄报：市计委、市经委
抄送：中国银行上海分行、市工商局、市税务局、上海海关、市投资信托公司。

上海大厦改造客房的请示（上海市档案馆藏）

劳任怨，积极主动的工作，才能使全运会获得圆满成功，作为组委会成员，我感谢上海大厦的全体同志；作为一个上海人，我为之感到自豪，因为我听到各代表团对上海大厦各方面的好评。"[12]

1981年，《光明日报》刊登了徐刚的文章《客从远方来》，讲述了作者在大厦居住的经历。文章写道：大厦的餐厅是清洁的，找不到一点纸屑。还没有进去，服务员就会招手或点头相迎。假如是早饭，还互相问个早安。她们既庄重又热情，落落大方也温文尔雅。邻座的顾客赞扬道："她们有修养！"住下的第二天，客人拿了乙种券到了甲种券就餐的餐厅。服务员犹豫了一下，把餐券

上海大厦 孙佳玲同志发言

19 年 月 日 第 1 页共 页

全店动员 全力以赴 努力做好全运会接待工作

各位领导 同志们：

全国第五届运动会，已胜利圆满结束了，取得了丰硕的成果。我们感到由衷的高兴。我们的接待工作也完成得比较好。领导和同志们给予我们很大的帮助和鼓励。这是市委领导和机管的领导，亲切关心、热情支持、正确指导、精心部署所分不开的。我们对领导的亲切关怀表示衷心感谢。

下面我把接待工作情况向大家汇报一下。

9月10日至10月2日，共22天时间，我们接待了中华人民共和国第五届全国运动会的组委会成员和全国31个代表团的团部，浦江陆团部工作人员以外还住了省直市的男子足球运动员，总计1247人，其中厅部长、付省长以上领导干部42人，两侧干部88人。其间，还承办了9月16日600人的开幕式酒会和10月1日1200人的闭幕式酒会。这次接待工作时间长、人数多、涉及面广、要求很高、任务繁重。我们全店上下，在左党委的统一领导和部署下，积极发动群众、调动群众的积极性，团结一致、互相支持全力

上海大厦会计出版厂出品 16开 双规服务帐 (83.6-6)   30克 打字 302-45 (5)

上海大厦关于第五届全运会接待服
务工作的汇报（上海市档案馆藏）

收了，客人一点也没有察觉。吃完饭，她才告诉客人这里的用餐规定。客人觉得不好意思，服务员却说："没有关系的，刚来的同志常常弄错。"经常在楼内服务的是三位服务员。一位显然是老同志，客人叫他老师傅。年轻的就叫他小陈，还有一位50岁左右的女同志，客人叫她阿姨。老师傅曾是服务标兵，他的工作做得很出色。他告诉客人：清洁工作要经常做，一天一次是不行的。他说话的时候，有一种劳动者的自豪感。小陈看见客人头顶秃得厉害，便热情介绍治疗的方法，有一种药怎么用法把握不准，还专门给医院里一个他熟悉的医生打了电话。阿姨是山东人，说一口标准的上海话。她除了精心地做好室内卫生外，还把客人一个有不少茶碱的茶杯洗得干干净净。上海大厦当时接待任务很重，大门口和休息厅经常都挤得满满的，每在这个时候，总会看见大厦的领导在现场和工作人员一起忙碌着。他最后总结道：当上海大厦的服务"一旦和为人民服务的内容密切结合时，便有了它的生命力"。[13]

上海大厦的服务质量从一个广为流传的故事中更可以得到证明。据说在20世纪80年代初，曾经有一位芬兰客人到访上海，在入住上海大厦期间，早晨把一块用脏的手帕扔入一个篮子，然后到餐厅用早餐，用完早餐回房间整理行装准备离开，有服务员敲门，把一块洗干净、熨平整的手帕微笑着送到他手上。一块准备扔掉的手帕，在这么短的时间内洗干净送回客人，让这位芬兰人很感动。30年后，这位芬兰人任驻爱尔兰大使，递交国书的第二天，就找到中国驻爱尔兰大使馆邸。促使他当大使后急切想找中国大使的缘由之一，是向中国大使表达他对30年前这件小事的感谢。在回忆这件事时，这位大使仍然十分激动。一件小事，让这位芬兰人对中国有了这样的感念。[14] 正是这样的服务奠定了上海大厦当时卓越的声誉，这时的上海大厦依然是上海最重要的象征之一。1986年在全国电视上投放的雀巢咖啡广告，讲述了出差多日的商务人士回到家里和妻女团聚的故事。广告片头就出现了上海大厦和

上海大厦
BROADWAY MANSIONS

外白渡桥的镜头。

然而由于当时上海大厦的特殊性质，作为实行企业化管理的行政事业单位，其发展也受到了体制的束缚。例如企业缺乏自主权，1980 年，上海大厦因投入资金更新改造，想提高房价收回部分投资，便被上级批评，要求作出检查。[15] 更重要的是，随着国内旅游业和酒店业的发展，20 世纪 80 年代中期以后，大量豪华饭店如雨后春笋般出现，而且几乎都由外国人管理，市场激烈竞争日趋激烈，加上商品经济大潮的冲击和外来文化影响对员工观念形态带来变化，向上海大厦这样的老饭店提出了严峻的挑战。

正是为了解除这一系列的束缚，适应生产力发展的客观要求，上海大厦在这方面进行了一系列体制改革的尝试。1983 年，上海大厦为提高经济效益，进一步调动职工的工作积极性，改善经营管理，开始试行经营承包责任制。规定在确保完成机管局接待处安排的政治接待任务和按 1982 年结构比例合理分配的客源的前提下，有权自行开展接待任务。完成接待任务和承包的利润指标下，将在利润中提取 1982 年水平的奖金，年终由机管局另拨工资总额 5% 的先进奖基金，超额利润部分则按国家规定扣除相关费用后，50% 上交，10% 为生产发展基金，25% 为职工集体福利基金，15% 职工奖金，其中生产发展基金和职工集体福利基金部分，企业有权调剂使用。[16]

1984 年 3 月，按照政企分开的原则，经中共上海市委、市人民政府批准，根据"沪委（1984）51 号"文，决定将原属于市政府机关事务管理局的锦江、和平、国际、静安、龙柏、华侨、达华、衡山、申江、上海大厦、青年会 11 家饭店和友谊汽车服务公司联合组建为上海市锦江（集团）联营公司。1988 年 4 月，又将锦江（集团）联营公司中的 4 家全资子公司上海大厦、衡山宾馆、申江饭店、浦江饭店组建为上海市衡山（集团）联营公司。

在体制发生变化之后，上海大厦也开始认真思考，面临新的任务、新的挑战，如何在众多的饭店里寻求突破，走出自己的路子，采用科学方法来摆脱旧的管理模式，提高整个饭店的服务工作质量，从而取得经济效益和社会效益的双丰收。

从 1986 年开始，上海大厦开始尝试以推行全面质量管理来开创新的管理模式，理顺新的管理机制，提高服务质量。当时在国内宾馆业中还没有推进全面质量管理的先例，也没有现成的服务工作全面质量的理论及方法，上海大厦就借鉴了工业企业推行全面质量管理的经验，重点搞基础管理工作。为此，专门成立饭店质量管理办公室，各部门也相应设立质量管理小组，各管理区由管理员兼任质量管理员，使全面质量管理形成一根线，贯穿了饭店的各个领域，质量信息在店内全方位地传递、沟通、反馈，服务质量得到了有效系统的控制。为了做到服务规范和服务标准化，他们借鉴国内外的先进管理经验，结合本店的实际情况，从明确全员的工作职责出发，编写了《上海大厦服务规程和工作职责》一书，包括 14 个章节，93 条具体标准及规程，印制成册。这不仅使员工行动有规范，质量检查有依据，而且为推行全面质量管理打下良好的基础。同时抓 TQC 攻关，全店建立了多个 QC 小组，就一些专题内容（如大堂服务）为课题进行研究攻关，将总目标层层分解，逐级下达，人人承担，取得了成效。通过推进全面质量管理，大厦的经营管理水平逐渐与接待规模、任务相适应，同时也借此由原来完全的行政接待型全面转轨到涉外旅游经营型，逐步强化营销体系，树立市场意识，提高知名度，创造了新的成绩。[17] 大厦连续多年获得上海市文明单位、上海市优质服务先进单位、上海市旅游优质服务竞赛优胜单位、市爱卫会卫生文明单位、市优秀企业单位等荣誉称号，还获得全国第一批"百佳饭店"称号。1989 年 10 月 4 日，上海诞生首批 6 家三星级饭店，上海大厦名列其中。

二、日新月异的上海大厦

20世纪90年代起，浦东的开放开发加快了整个上海的发展步伐。随着幢幢摩天大楼拔地而起，之前享尽了辉煌与荣耀的上海大厦已不再如过去那样令人瞩目。再加上全球酒店业集团开始纷纷"抢滩"上海，外资投资管理的一座座星级酒店拔地而起，对国内定位于相同市场的单体酒店形成强烈的挤压态势。像上海大厦这样的国有老字号饭店再度被设施陈旧老化、管理模式落后、体制机制不畅等诸多问题困扰。据20世纪90年代的一份统计，大厦营业收入中劳动力成本的比例在同行业中较高，达到34%，与先进国际品牌酒店的水平存在差距。[18]

面对困难，上海大厦调整发展思路，在坚持以接待为首要任务的同时，将经营作为主要任务，并围绕这一目标进行一系列的体制改革。1992起，上海大厦开始实行全员劳动合同制，并采取了一系列措施充分调动员工和管理人员的积极性，保证企业内部始终充满活力。90年代末，又开始对主管以上岗位采取竞聘上岗的方式，推行"干部能上能下，员工能进能出"的机制，而且允许员工越级竞聘，为其提供施展才华的机会。当时曾有25位管理人员竞聘19个岗位，其中人力资源部经理的职位就有4人竞聘。在充分树立员工竞争意识的基础上，大厦又采取店领导、管理干部和群众综合评议的办法，推行公正透明的全员竞聘上岗。[19]此外，积极探索对各部门、各班组、各工序实行满负荷工作设计。对工作量不足的，采取分流、增量、归并的办法，使岗位工作无闲时。同时加强对能耗、采购等经营成本的控制。[20]从2002年起，上海大厦又在原有的采购操作流程的基础上，增加一道采购询价核价的工作环节，成立了物资采购询价核价工作小组，确定了"科学有效，公开公正，比质比价，监督制约"的询价核价原则，使饭店采购工作循着"货比三家，质量保证，价格公道，监督制约"的良性机制健康运行，取得了一定的成效。[21]

之后，大厦的服务水平也得到了显著的提高。如1994年10月，大厦就圆满完成了接待西藏17世噶玛巴活佛一行39人的任务，成为当时酒店服务的典型案例，为众多同行所学习借鉴。17世噶玛巴活佛是藏族的一位极为重要的人物，能不能搞好这次接待，关系到国家的民族政策和统战政策。可是，当时留给大厦的只有两天的准备时间，而且其中一天还是星期天。在大厦总经理室的统一部署下，各部门迅速运转起来。噶玛巴活佛一行到达酒店的那天，一切准备已经就绪。按照上级的要求，酒店把代表团成员的房间都安排在同一个楼层，同时又把客房完全按照西藏的风俗习惯重新布置。当客人走进房间时，脸上绽开了满意的笑容。任务最重要的是餐饮。宴席菜肴必须有不折不扣的西藏特色和口味，这一点对于大多数厨师来说是很陌生的，而且因为是贵宾，所以每顿饭菜还不能相同，厨房必须在这短短的一天时间里设计出好几套菜单，还要准备菜肴的用料。更何况地道的藏菜还得要有藏胞特有的餐具、炊具以及厨房。结果，17世噶玛巴活佛对在上海大厦的逗留非常满意，临别时还给大厦留下一封热情洋溢的表扬信，称赞大厦的服务是一流的，并对他们受到的热诚接待表示由衷的感谢。[22]

1996与1997年，上海的酒店业形势不太理想，全市客房出租率平均又下降2个百分点，当时有人建议上海大厦和很多同行一样在价格上做文章，加大促销力度。经过周密的思考，上海大厦认为走削价竞争之路等于加快自身走向衰落，他们选择了改进产品质量，利用得天独厚的地理位置以及品牌优势，以物有所值的高质量产品投入市场竞争，以求一搏。于是在集团的支持下，上海大厦制定了一整套更新改造的方案。1998年，大厦对大堂彻底改造，完善大堂酒吧，并增设原先缺乏的康乐健身设施，并尽量以新出台的星级评定标准（草案）为改造依据，争取达到四星级标准。彼时的改造，大厦并没有停留在简单的内部更新上，而是探索运用CI理论，

上海大厦
BROADWAY MANSIONS

百老汇大厦优秀近代保护建筑
铭牌（上海大厦提供）

请专业人员参与，设计整体企业形象。以"经典老饭店"作为经营理念，布置环境，设计产品，提供服务。比如按照当时保留下来的百老汇大厦大堂照片，对大堂进行改造；又如在大堂的适当位置挂放一些老照片，放入那架与饭店同年龄的大钢琴，让客人一走进饭店就感受到一种特有的历史氛围。在客房的布置上也恰当地添上一点当时的物件，都收到了事半功倍的效果。同时又开发丰富的名人房资源，这些房间的推出深受特定客源群的欢迎。这次改造后，上海大厦整体提高了一个档次，于1999年升级为四星级酒店。凭其位置与知名度，这座老饭店再现青春。[23]

随着时间的推移，老上海历史文化越来越受到关注、海派生活品位、艺术风格开始为人们所推崇，而作为那一时代文化风貌的见证，人们对上海大厦也开始越来越关注。早在1989年9月25日，上海市人民政府便正式公布将"百老汇大厦"列为上海市文物保护单位，同时命名为近代优秀建筑。1996年11月20日，中华人民共和国国务院公布了第四批全国重点文物保护单位名单，其中有上海外滩建筑群，而外滩建筑群即指"从外滩的东面上海大厦（百老汇大厦）起至延安东路口的1906—1937年的老建筑"。21世纪之后，为迎接世博会，上海

2006 年的上海大厦

（肖可霄摄）

市对苏州河进行了综合整治，为"重塑外滩功能，重现历史风貌"，又实施外滩地区交通综合改造工程，上海大厦周边的风景风貌、交通状况都得到了重大改观，尤其是 2009 年经过重新修复的百年外白渡桥回归，占据苏州河和外滩最佳地理位置的"浦江最佳观览点"——上海大厦重新进入了人们的视野。

但上海大厦并未沉浸在过去的辉煌中，他们清醒地意识到，在未来酒店的版图中，只有那些拥有良好市场定位的酒店，才能在市场上获得一席之地并站稳脚跟、安身立命。因此准确的市场定位是上海大厦走向成功的关键。2005 年 8 月，衡山集团对上海大厦提出了更高的要求，以"历史加功能"的定位，确立了"经典老饭店"和"五星级标准"的经营目标，从实现建设"高标准接待基地""高

上海大厦
BROADWAY MANSIONS

2019 年 4 月 18 日，上海大厦、
外白渡桥夜景（肖可霄摄）

星级饭店集团"双高战略目标出发，酝酿对上海大厦再
次改建，创建五星级饭店。上海大厦也认为，这既是增
强企业核心竞争力、提升老饭店品牌效应、促进质量管
理上一新台阶、全面提高经营效益的重要契机，更是重振、
唱响民族品牌的重大举措。从 2007 年起，衡山集团投资
近 1.3 亿元，对上海大厦进行了为期 14 个月的不停业的
大规模改造。

　　饭店的外观可以复制，饭店的很多物品也可以复制，
但历史积淀的深厚文化底蕴不能复制。在改建之初，衡
山集团就为上海大厦项目定下了"秉承历史文化，彰显
老店魅力"的基调，确定"历史加功能"的改建方针。
希望这次改造，不仅能较完好地保存大厦建筑的历史风
貌，同时着眼高档商务客人和现代旅游客人的需求，使

酒店的商务功能在个性化服务以及客户需求整体解决方案等方面不断地突破超越。此次上海大厦的整体改造由来自美国的酒店设计顾问公司 Hirsch Bedner Associates（HBA）操刀。HBA 是一家拥有多家世界知名酒店更新改造经验的酒店设计顾问公司，曾经帮助过类似和平饭店等建筑进行装修设计。为了保留上海大厦老饭店的风貌，大厦经过认真选择，决定由他们为饭店"度身定制"，使饭店的装修效果达到整体性、舒适性和历史性的统一。在风格上，把艺术性设计风格融入到装修的具体细节之中，以恢复 20 世纪 30 年代装饰主义建筑的风貌。

自 2004 年开始，上海大厦开始对相关历史资料进行认真系统地整理，精心采撷汇编了《上海大厦历史图片集》《上海大厦字画集》《百老汇大厦的故事》等资料。对伴随上海大厦成长的物品，如明清瓷器、英商上海自来水用具有限公司的铜牌、大堂的钢琴、英国吧内的电表和桌球台、名人房、十八楼会见厅的名人字画、客房内的热水汀等，进行精心保护和展示，挖掘饭店悠久的历史积淀和故事，展现与众不同的文化特色。在改建中，许许多多代表着老饭店的物品被挖掘展示出来。入住饭店，宾客时不时会与老物品相见：5 号员工专用电梯内的20 世纪 30 年代的铜质电梯按纽、铁质指针式电梯运行楼层显示器、1417 号房的清末龙凤床头柜、1507 号房与大厦同龄的热水汀等。尤其值得一提的是，上海大厦的总机 63246260 中的"46260"与上海大厦同龄。一个电话号码能实现如此长时间的陪伴，在上海的老建筑中也是为数不多的。在改造时，奥的斯还专门为上海大厦那座手摇电梯制定了改造方案，主要对控制柜和人机接口进行更新，保留了主机、导轨、厅门和轿厢系统。改造后，电梯重新拥有了豪华新颖的外观，舒适平稳的运行效果，更大程度地改善了客人的体验，使客人们恍如回到当年那由电梯师父为你拉开电梯门，手摇至你需要到达楼层的场景。这一鲜明独特的"经典老饭店"形象，让不同

运转了70多年的奥的斯电
梯机房（上海大厦提供）

上海大厦香宫宴会厅（上海大厦提供）

种族、国籍、年龄的人看过都会有所感慨。历久弥新，
深藏在记忆中的经典重现，提高了企业的市场知名度、
增强了对目标顾客的吸引力。

　　之前，上海大厦一直缺少一定规模的会议中心，这
也是制约上海大厦经营接待进一步发展的短板之一。当
时大厦虽然已有85%的平均入住率，但其中只有40%左
右的商务客人。此次改造对大厦的2号辅楼拆除重建，
再造一个三层楼的会议大楼，以满足商务客人会议需要。
改建后的2号楼共有三层，一楼设有贵宾会见厅、贵宾

上海大厦丽宫宴会厅（上海大厦提供）

休息室；二楼是大型宴会厅；三楼是专业会议厅，其中二楼与主楼相通，三楼与三号楼相连。二号楼的外观端庄大气，如外墙采用了与主楼色彩、材质相同的高级泰山砖贴面，其墙体顶部由与主楼"浪朵水纹"特征相似的花岗岩石雕围成，与主楼建筑风格浑然一体。会议厅则配备有先进完善的视听多媒体设备。此后一年四季，各种高层次的会议不断在上海大厦举行，与会者不仅可以享受便利的交通，饱览浦江风情，又能体验经典老饭店的经典服务。

改建后的上海大厦拥有客房 240 余间套，其中设豪华五间套、豪华四间套、行政楼房、豪华标准房等各类房型。通过改造，房间面积扩大了，70% 的客房不小于20 平方米。同时在重要接待中，还引入了国外奢华饭店的"管家式服务"，做到每个房间都有一个管家为客人提供一对一服务。[25] 在客房改造过程中，同样重视对历史底蕴的挖掘，让人们恍如穿过时间隧道，品味到了 20 世纪30 年代老饭店的历史风貌。特别是在饭店商务行政楼层，酒店毫不吝惜地在最佳部位辟出了接待区和行政酒吧。[26]

上海大厦
BROADWAY MANSIONS

上海大厦大堂吧

（上海大厦提供）

上海大厦英国吧

（上海大厦提供）

上海大厦升星照片

（上海大厦提供）

上海大厦五星铭牌

（上海大厦提供）

由于建造年代久远，大厦建筑原先的围护结构和设备已不再能满足现行节能标准，因此，这次改造中重点还对围护结构和设备进行节能修缮。通过改造，提高了用能系统的效率，完善了大厦内部的管理，从而实现了降低能耗的目的。而通过降低建筑的能耗，提高居住舒适度，也可以提升建筑的使用性能，延长建筑的使用寿命。由于节能效果明显，上海大厦节能修缮工程被列为 2009 年上海市建筑节能专项扶持项目。[27]

改造后的上海大厦各种配套服务项目完善，为宾客带来五星级的舒适体验，其外观仍是当年模样，复古风格浓郁的建筑，雅致、温馨的环境和功能齐全的设施，都给客人带来非同一般的感受。经过此次改造，上海大厦的经营环境大为改善，历史文化氛围和现代商务功能特色融为一体，产品功能得到全方位拓展。2008 年 12 月 22 日，上海大厦正式通过了国家星级评委的终审，挂牌荣升"五星级酒店"。

在改善经营环境的同时，上海大厦还依托独特的外滩景观资源优势，以积极"开源"和严控成本为主导，直面市场挑战，客源结构再次得到了调整，经营效益节节攀升，市场拓展能力、市场化程度和服务水平不断提升，逐步树立起了"外滩周边地区性价比较高的五星级酒店"的市场口碑。

上海大厦认为，酒店作为老字号的国有企业，与外资酒店管理的体制机制不同，不能简单地沿用外资酒店的管理模式。如何发挥老员工的积极性，如何让新员工快速成长，如何提高管理人员的管理能级，建立一支适应五星级饭店发展的员工队伍，是打造国有星级品牌酒店的关键所在。而要实现这一目标，必须突破体制机制障碍。为此，大厦以深化内部改革为主导方向，以完善"质量、培训、考核"三位一体的管理体系为支撑，同时尝试多种用工形式，合理控制用工总量，实行部门年度经营指标考核。总经理与各部门就经营指标、接待目标、物耗及

上海大厦珀玓坊西餐厅（上海大厦提供）

上海大厦行政江景房（上海大厦提供）

能耗管理目标签署部门经营考核责任书，贯彻和落实部门经理负责制和问责制，实行"调整与分流、培训与考核、引进与培养"相结合的用人机制等措施，优化人力资源结构，以不断适应企业发展的需求，加强员工队伍建设，管理团队和运转模式日趋成熟。以《星级饭店访查规范》和《衡山集团服务质量标准》为依据，参照外资酒店的做法，对前厅、客房、餐饮等三个一线经营部门的基层管理人员以及饭店总值班巡视的每日现场检查标准作了细化和完善，尤其是标准化服务得到了刚性确立。在实施标准化服务的同时，饭店还鼓励员工为客人提供贴心服务，追求百尺竿头更进一步。

上海大厦不断尝试管理创新、服务创新，在集团内率先引进了外籍高层职业经理人任驻店经理。这位来自美国的驻店经理曾在多家国内外知名饭店担任过高管，他给饭店带来了新的管理理念，特别在提高工作效率、实施标准化管理、从客人的角度思考问题等方面，使饭店管理更加与五星级标准合拍。[28]

2009 年 2 月 7 日，502 房间入住了客人。这天，当班大堂副理核查客人的入住登记表，发现这天恰好是客人的生日，于是立即向西餐厅订了一份生日蛋糕，附上生日贺卡片。当班大堂副理和礼宾部人员将祝贺生日的蛋糕送入客人房间时，正巧客人外出。客人回饭店后，看到这温馨的一幕，非常感动，他拿起电话向总台致谢。第二天，客人离开上海大厦时表示："以后来上海，我一定会再选择上海大厦。我还会告诉我的朋友，上海大厦的高水平服务。"[29]

说到上海大厦的优质服务，在一个人身上体现得特别明显，这就是在大厦工作了 40 多年的 VIP 接待经理王思云。在这几十年的工作中，王思云用切实的行动向人们诠释了什么是上海大厦的服务，这种服务就是讲究细节，细致具体到客人房间床垫的软硬程度、客人的饮食口味等。在大厦的概念里，接待工作所需的细致程度，就是

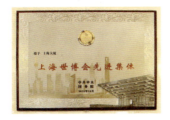

世博先进集体铭牌
（上海大厦提供）

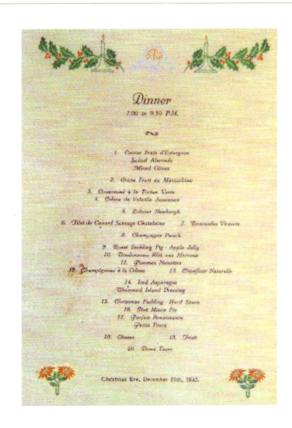

1940年圣诞晚餐菜谱（上海大厦提供）

要把自己置身于被接待人的位置，以"吹毛求疵"的要求去感受，超预期地满足被接待人的需求。[30]

有了全新经营理念，有了像王思云这样优秀的员工，大厦不仅保持了以往的荣耀，更不断获得新的成功。2010年上海世博会期间，上海大厦作为国内贵宾专用接待饭店，在195个日日夜夜中，出色完成了大厦有史以来贵宾人数最多、批次最集中、规格最高、难度最大的接待任务，共计接待了来自全国各省市256批世博代表团，总人数近6000人次，其中部级以下领导近千位，收到了各类感谢信、留言表扬近200封。会后，大厦荣获中共中央、国务院授予的"上海世博会先进集体"称号。2012年，在全球酒店业不景气的背景下，上海大厦通过全体员工的共同努力，全年营收、经营毛利均实现了"双超"，并顺利通过五星复评。

三、"上海滩之最"的淮扬菜重镇

旧时上海的六大饭店，锦江饭店、衡山宾馆、国际饭店、上海大厦、和平饭店和浦江饭店，每家在餐饮方面均各有专攻，在全国享有盛名，比如国际饭店就以京味餐饮著称，而上海大厦的淮扬菜则被公认为"上海滩之最"。

早在百老汇大厦时期，这里的餐饮一直以质量高，口味佳而著称。著名的日本友人内山完造曾经参加过一次迎接著名小说家长与善郎（1888—1961）的晚宴，便称"端上来的中国菜不失昔日的风味，白鸡尤佳，听着怀旧的谈吐，兴味无穷"。他尤其惊喜的是吃到了现在很常见，而当时称得上是珍味的吐铁（即螺肉），专门写了篇《吐铁会见记》，以志不忘。[31]

上海大厦以淮扬菜闻名则要追溯到首任总经理任百尊，他确定以淮扬菜点为主，兼有广、川、本邦菜肴的中餐特色，西菜则以法国菜为主，兼有俄、日、德、意式。1950年，他为使淮扬菜点基础更加雄厚，从扬州、淮安、

扒烧整猪头（上海大厦提供）

拆烩鲢鱼头（上海大厦提供）

清炖狮子头（上海大厦提供）

淮扬炝虎尾（上海大厦提供）

北京、山东及上海的有关单位调集了朱春波、李金生、王寿山、杨文斌等一批经验丰富、厨艺精湛、擅长淮扬菜点的名厨师，组成了阵容强大、技术全面的淮扬菜厨师班子。他还经常派遣厨师到扬州、镇江、淮阴等地学习，引进新的菜点品种，例如黄桥烧饼就是根据当时接待政治任务的需要，在原有的基础上改进而制成的。馅心有火腿、板油、葱等，使得黄桥烧饼成品形态小巧，并具有酥、松、脆、香、鲜、肥的鲜明特色，成为当时接待任务中经常用到的高级点心。此后这批名厨又培养出了如王致福、路仲春、张坤祥等一代新人，他们集诸家精髓于一体，充分体现了兼容并蓄、博采众长、趋时应世、精益求精的风格，尤其擅长炒、烧、烤、炖、焖等淮扬菜的传统烹调法，其菜肴选料严格，制作精细，主料突出，注重本味，讲究火工，精于炖焖，烂而不糊，浓而不腻，原汁原味，醇厚入味，咸淡适中，四季有别。代表菜有"三头一尾"，即拆烩鲢鱼头、清炖狮子头、扒猪头、炝虎尾，以及鸳鸯鸡粥等。

美食家认为，上海大厦淮扬菜最大的特色就是一餐饭没有辛辣刺激，没有参肚鲍翅，所有菜品都淡淡的，原汁本味，纯以选材、刀工、火候等厨师的基本功取胜，食罢神清气爽。

上海大厦曾经接待过多位党和国家领导人，历任上海市长也都在大厦举行过重要的宴请活动。1959 年 12 月，邓小平在这里举行重要的招待活动，称赞上海大厦的菜肴达到了国家水平。当时由于上海大厦的菜肴享有盛名，全国许多大型的会议和接待工作经常邀请大厦的厨师前往支援。如庐山会议和上海召开的中共八届七中全会期间，大厦便先后派出名厨朱春波、潘宗义、青年厨师杨祖荣等前去支援，其间直接还为周恩来总理、聂荣臻元帅等诸位中央首长进行餐饮服务。20 世纪五六十年代，北京人民大会堂每年举行的国庆招待会、1959 年建国十周年大庆招待会、全国人代会，大厦也专门派出朱春波、沈爱华、杨祖荣、金根法、张连梅、陈光远等人直接进行服务。20世纪七八十年代，饭店又派出厨师朱春波、王致福、服务员汪元凤等，先后到北京、杭州以及上海本地参与美国总统尼克松、里根、法国总统蓬皮杜等重要的外事接待任务。20世纪80年代，美国总统里根访华时，曾在这里品尝了鸳鸯鸡粥，赞不绝口，说这是中国最漂亮的好菜。此外，上海大厦的厨师、服务员还因工作需要，被外交部、外经贸部等先后派遣到我国驻外使领馆、商务代表处、新华社驻外分社等去工作，足迹遍及五大洲，其中有36名厨师先后被派遣到40多个国家和地区，14名服务员被派遣到14个国家和地区。每年，还有众多从全国各地前来学习的年轻厨师，他们在这里学习、成长，回去之后大都成为一代名厨。如安徽省烹饪协会副会长孙成应便是当年在大厦学习时，在王寿山指导下创意制成了江淮煮笋丝，成为享誉安徽的名菜。[32]

　　1964年就开始在上海大厦当厨师的陆师傅曾经向记者回忆说，当时大厦的餐具十分讲究，外界很少看到，有时甚至会用玉器盛酒，晶莹剔透的玉杯，盛着茅台、五粮液或者上好的绍兴花雕陈酿，放在特制的温酒筒中。当时外事接待的标准是每个人7元钱，这在当时已经是一大笔钱了，可以吃到现在也是难得一见的大鱼翅。规定的标准是四菜一汤，炒菜、炖菜和素菜俱全，还要有一条鱼，冷盘、点心和水果也不能少。为了丰富菜色，师傅们常常一菜变两菜，比如清炒虾仁和干烧明虾放在一起仍然算作"一菜"。70年代物资比较缺乏，而淮扬菜又从来都是选料严谨，上海大厦餐饮部的采购人员因此也是绞尽了脑汁。接待外宾的任务按照保密级别的不同，提前通知的时间不等。一旦任务下达，采购部就会忙起来，拆烩鲢鱼头是用野生的大鲢鱼头，十斤以上才能入选。采购人员驱车到鱼产地挑选大头鲢鱼，再马不停蹄地把鱼头带回来。[33]

　　进入21世纪之后，上海大厦进一步创新餐饮服务，其中整理挖掘的"梅府家宴"和"开国第一宴"更是21

世纪上海大厦菜肴继承和创新的代表。

当年，梅兰芳先生为了把戏演好，十分重视保护嗓子、脾胃、身段、容貌，在饮食养生上十分讲究。他喜欢吃淡雅、精细、营养丰富而搭配合理的菜肴，不吃辣和其他带有刺激性的食品，少吃冷饮、不吃内脏、不吃红烧肉等油腻太重的食物，因为辣和带有刺激性的食物对保护嗓子不利，甜味太浓、油腻太重的食品容易生痰。这些饮食口味正符合当今的低脂、低糖、低盐的饮食营养、保健养生的要求。梅兰芳生平好客，经常以梅府菜肴宴请宾客。据许姬传《梅边琐谈》记载，梅府家厨王寿山，是梅兰芳从"梅党党魁"冯六爷（冯耿光，中国银行总裁）家里"抢"来的，并随梅先生在 1932 年由北京迁居上海。1943 年，王寿山任梅府家厨。据梅葆玖回忆，解放初他们一家住在上海思南路，那时候梅兰芳先生一演完戏，王师傅就会做拿手好菜，整个剧团一起吃夜宵，边吃边总结演出的情况。他那时刚开始学戏，一边听他们聊，一边跟着吃。梅葆玖还透露，当年梅先生到外地巡演时总带着王师傅，而琴师王少卿恰巧也是个美食家，两人同住一屋可以聊上一宿。每到此时，剧团的人就打趣："两位王老师睡一屋，又该研究新菜谱，讨论明天早上吃什么了吧。"1951 年 7 月，梅兰芳返京，就任新成立的中国戏曲研究院院长，王寿山则留在了上海。之后应任百尊之邀，王寿山出任上海大厦 18 楼淮扬餐厅主厨。王寿山生前将梅府菜谱亲授王致福和沈林安等弟子。2001 年 11 月，梅葆玖先生随《中国贵妃》剧组来沪演出期间，上海大厦隆重推出了"梅府家宴"，由王致福等名厨亲自操作，引起同行和媒体的家度关注。[34]

1998 年秋，上海大厦为迎接中华人民共和国成立五十周年又复制了"开国大典第一宴"。1949 年 10 月 1 日，在北京饭店隆重举行了"开国大典盛宴"，由当时北京红极一时的"玉华台"饭庄的九名淮扬名厨执勺，全部是淮扬菜点制作，毛泽东、刘少奇、周恩来、朱德、董

王致福技术定级报考单(上海市档案馆藏)

必武、陈云、邓小平和当时登上天安门城楼参加开国大典的领导人都出席了这次盛会。为了弘扬中华饮食文化，同时也让广大宾客尝尝当年毛泽东、周恩来等尝过的开国大典第一宴究竟是什么味道，作为淮扬菜重镇的上海大厦派员赶赴北京，在北京饭店和上海驻京办事处有关领导的帮助下，专门走访了当时制作"开国大典第一宴"的厨师中尚健在的两位。回来后，饭店凭借雄厚的技术力量，多次对"开国大典第一宴"的菜肴进行了研制，取得了最佳效果。1998年国庆期间，大厦隆重推出了"开国大典第一宴"，餐饮界知名人士在品尝后，一致称赞菜肴保持了当年的基本特色和风采。经新闻媒介报道后，

"开国大典第一宴"引起轰动，每天电话垂询不断，最多一天有 100 多次。[35]

上海大厦淮扬菜代有名厨，其中尤以王致福最为著名。他自 1985 年起长期担任上海大厦总厨师长，接待过无数中外政要。上海乃至全国的不少重大活动，如有盛宴，有关方面经常会指定王致福掌勺，出席者中有中央领导、美国总统、希腊总统、泰国王储、罗马尼亚副总理、巴拿马议长及其他国际友人，国内名流更是不计其数。1989 年，他被劳动部评定为中国第一批高级技师职称，当时成为上海第一位也是唯一的中菜高级烹饪技师，曾受总理接见，从而奠定了他在沪上烹饪行业，尤其是淮扬菜烹饪中的龙头地位。2015 年，在飞跃上海餐饮三十年峰会上，他与李伯荣等 12 位上海餐饮大师受到了表彰。

百老汇大厦时期，由于其定位主要服务于西方顾客，所以大厦的西餐亦有着悠久的传统。新中国成立后，除了淮扬菜一枝独秀的发展外，"麦西尼鸡""烤火鸡"等欧美式西菜，"开言鸡""罗宋汤""串烤牛仔""油忌司烙蟹"等俄式西菜及"烘鳗""米沙汤"等日本风味菜肴也颇具特色。[36] 进入 21 世纪后，随着上海国际化程度越来越高，淮扬菜一个菜系已不能满足所有来自五湖四海的消费者的需求。上海大厦为了应对激烈的市场竞争，在主打淮扬菜的前提下，提出传承"淮扬菜"特色，创新"本帮菜"，辅以"港式高档粤菜"的理念，以此吸引本地中高端消费群体。为此，大厦还专门引进了香港、广东的厨师，开发了更多的菜系，从而使菜品变得更加丰富。大厦定期组织创新菜开发小组活动，参加旅游饭店创新菜交流会，增加与同行交流学习、切磋技艺的机会。大厦还专门出台了《创新菜开发奖励办法》，鼓励各级厨师开动脑筋，大胆创新，适时推出应季菜式，以满足当下客人"挑剔"的爱好和口味，促使餐饮经营业绩保持稳中有升。[37]

上海大厦
BROADWAY MANSIONS

刘海粟题寥天楼（上海大厦提供）

1980 年秋，刘海粟为上海大

厦作画并赋诗（上海大厦提供）

四、从寥天楼到上海客厅：上海大厦与艺术的因缘际会

　　沿着旋转的大理石楼梯盘旋而上，就到了上海大厦的 19 楼，走进去别有洞天，这就是著名的寥天楼。"寥天"典出《庄子·大宗师》："安排而去化，乃入于寥天一。"郭象注："安于推移，而与化俱去，故乃于寂寥而与天为一也。"唐代宋之问曾有"笙歌入玄地，诗

酒生寥天"之句。寥天楼闻名于世，始于画家刘海粟。郑逸梅便曾言："刘海粟寓上海大厦之最高楼，为题'寥天楼'三字。"[38] 只不过刘海粟当时的寥天楼是在上海大厦的 16 楼。这位艺术大师在上海大厦有两个大套间，一套用来起居和接待来访的客人，另一套是作画写字用的。著名沪上篆刻书法艺术家陆康回忆，当年自己的爷爷，著名文人陆澹安让他给刘海粟带东西，他便来到上海大厦，看到刘海粟穿着红色的毛衣，服务员拼好的大桌子放着他刚刚完成的画。刘海粟经常会让人来点评这些画，如果点评得恰如其分，他会说"你懂的"。他喜欢聊天，会和陆康讲自己在"文革"中的遭遇。他说，到那时所谓"宠辱不惊，看天上云卷云舒；来去无意，视庭前花开花落"这些都已经不够用了，唯一的办法就是"一口平吞"。他还会对陆康的习作进行点评，经常用两根手指挥一下，声如洪钟地说："要自然噢。"陆康至今还记得当时他流露出的不凡气度，终于明白了传统中国艺术中的"气韵生动"是什么意思。[39] 谢蔚明则记得，刘海粟在这个画画的套间里完成了著名的巨型作品之一《大鹏展翅图》，他还在这里看到了很多刘海粟的收藏，包括蔡元培、康有为、梁启超、吴昌硕、叶恭绰等人赠给他的楹联、条幅、题额，还有何香凝、杨杏佛、于右任、胡适、郭沫若、郁达夫、

上海大厦
BROADWAY MANSIONS

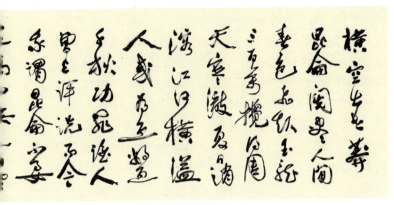

郭沫若为上海大厦题毛泽东《念

奴娇·昆仑》（上海大厦提供）

傅雷、徐志摩给他的信札。[40]

　　上海大厦与艺术的结缘并不始于刘海粟，作为海上名饭店，这里一直是艺术家乐意选择、寻找灵感的场所之一，在这里出入的艺术大师不计其数，郭沫若、朱屺瞻、吴青霞、程十发、陈逸飞……很多艺术家选择在上海大厦长住，寻找创作灵感。很多人都记得，苏沪文艺界曾在 1953 年假座上海大厦为平襟亚、陆澹安二人过六十大寿，当时江南艺坛名家云集，堪称是那个黄金时代最后的辉煌瞬间。著名社会活动家郭沫若在 1962 年冬天来到上海大厦，其间留下两幅珍贵的墨宝，一幅是毛泽东的《念奴娇·昆仑》，一首是自题七绝诗："登上天梯十八重，汪洋上海鼓东风。春申水涨铺银浪，万顷楼台映日红。"据回忆，当时砚台和墨是郭沫若自带的，磨墨的则是服务员汪元凤和高瑞康。郭沫若亲自教他们如何顺一个方向磨墨，在磨墨时还加入了茅台酒一起磨。宣纸早已铺在长台上，郭沫若先在沙发上一边轻呷茶，一边静坐养神。约有一个时辰左右，他缓步来到桌前，提笔饱蘸浓墨，运气片刻，轻舒手臂，龙飞凤舞地将其著名的"郭体"展现在宣纸上。待到一气呵成时，他已是大汗盈盈。汪元凤见状，将早已准备好的温热小毛巾给他擦拭，并搀扶他到一边休息，当时郭沫若已经是七十高龄了。而"寥天楼"时代则是上海大厦的另一个黄金时代。"文革"时期画坛百卉凋零，很多老画家们因遭受批判而被迫放下了手中的画笔。及至"文革"后期，随着外交工作的展开，1972年，周恩来总理指示，集中一些著名国画家，让他们创作一些非政治题材作品用以装饰宾馆（又称之为"宾馆画"）。这一举措，使饱受冲击的老画家们有了重新施展身手的机会，也为中国现代美术史留下了一笔宝贵的艺术财富。这一时期所作题材宽泛，笔调轻松，设色明快。这批"宾馆画"有大量的鸿篇巨制均创作于上海大厦，收藏了这些名作的上海大厦日后也成为艺术界、收藏界的一个响当当的金字招牌。有人认为，"寥天楼"所藏书画作品门类之齐全，画家阵容之壮观，除了国家美术馆之外，一般收藏机构很难与之相提并论。

进入新的时期，寥天楼重新进入人们的视野，引起了绘画界和收藏界的极大关注。2010和2011年，朵云轩两次推出上海大厦藏画专场。2012年，荣宝斋上海春季拍卖会再次推出寥天楼藏书画专场。当时媒体报道，专场作者阵容强大，包括了20世纪下半叶的南北名家，郭沫若、刘海粟、谢稚柳、唐云、陈佩秋、关良、朱屺瞻、应野平、张大壮、黄幻吾、谢之光、钱行健、陈大羽等，应有尽有，精彩纷呈。[41]

如果说"寥天楼"与上海大厦的结缘还有着一定的政治色彩，那么今天上海大厦与艺术的联姻则更是艺术与酒店相得益彰的合作共赢。上海大厦希望打造一座有人文情怀、有温度的酒店，而艺术家和艺术品则希望逐渐走出博物馆、美术馆等专业艺术机构，让艺术不再只高居殿堂，也不再是少数人的玩物，而是融入生活中的新鲜体验。酒店与艺术的结合，使得艺术作品、艺术活

上海大厦
BROADWAY MANSIONS

动得以和人有更多的亲密接触。上海大厦在升级改造之后，专门创立了上海大厦文化艺术中心，设立艺术作品的展示馆，定期举办百老汇雅集，展示不同艺术家的作品，供艺术家、爱好者在此品鉴、交流和研讨。上海大厦从 2013 年 5 月起，每个月都会在文化艺术中心举行一个主题展，至今已经举办了 66 个主题的书画展。百老汇雅集为上海的艺术家提供了作品展示的平台，参展者除了很多久负盛名的艺术名家，如陈佩秋、齐铁偕、徐云叔、林曦明、罗步臻、钟鸣、卢象太、陈燮君等外，也有当今活跃在画坛的骨干力量和当代新兴艺术家的作品，而且还经常有世界各地的艺术家出现，如著名意大利摄影师马伯涛（Filiberto Magnati）、荷兰著名艺术家林冲（Jan Peter van Opheusden）等，涵盖了丰富的文化内容，充分表现了艺术的多样性。艺术家肖可霄就清楚地记得，2009 年 5 月 27 日，他人生第一个艺术展览"摇啊摇，摇到外白渡桥"摄影装置艺术展，就在上海大厦二楼 Belle Vue 这间能看到外白渡桥的法式西餐厅开幕。当时正是外白渡桥修复后迁回原址通车的日子。展览包含了肖可霄 10 年间"游走外滩"的摄影作品，以及装置、绘画、影像、诗歌朗诵等其他表现手法的作品。[42]

相比于传统展会模式，百老汇雅集使得艺术更加接地气，更加接近生活，它一改目前画展展期七天的惯例，用半个月或一个月的时间集中展现艺术家的得意之作。同时以休闲浏览的方式取代以往朝圣式的参观，观众可边免费品尝香茗、咖啡，边欣赏艺术家的近作，还可和艺术家或三五知己小坐交流。累了，可眺望窗外上海最美的风光——外滩源、外滩、陆家嘴景观，让观众有身临其境的体验，做到真正亲近艺术，将艺术与生活巧妙结合，也赋予了这幢建筑一种别样的风情魅力。据传，有一对老夫妻故地重游、入住上海大厦。看到大厦门口的画展指引，他们走进艺术中心，惊喜万分，没想到入住酒店还可以欣赏现代画家的优秀作品，连声向工作人员表示感谢。

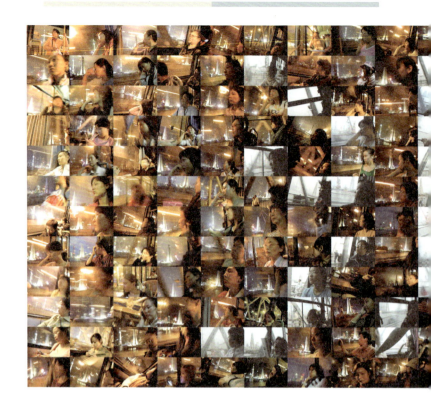

《外白渡桥·渡》。肖可霄用 240 张照片拼接
而成，近 7 年来他坐了 1000 多次公交车，连
续拍摄而成，中间浮现一个"渡"字，2009 年
首次展览在上海大厦（肖可霄创作）

如今，书画展和工作室已经成为上海大厦的一个新亮点，很多艺术家和爱好者、收藏者来这里交流、研讨。[43]

除了百老汇雅集之外，上海大厦还特邀著名艺术家陆康在酒店一楼开设了工作室，并命名为"上海客厅"。

陆康先生是著名文人陆澹安的孙子。1948年，他出生在溧阳路上的大宅中，从小在溧阳路上长大的陆康对虹口有种别样的情怀。他曾经说："我出生在虹口，对这片土地是有一种情愫在的，从上海大厦到溧阳路，以前走十多分钟，沿街的每一处风景，路上的每一块碎石，我都是认识的。"他熟悉这里沿街的每一处风景，路上的每一块碎石，墙上的每一块砖瓦，当然最熟悉的就是位于溧阳路1219号的花园洋房，那里有他的"梦幻的客厅"。这座石库门房屋是优秀历史建筑，原来是陆康的大伯买来作律师事务所门面用的，1949年后大伯离开上

上海大厦的"上海客厅"一角

（上海大厦提供）

海，原来律师事务所的位置就变成了祖父接待客人的客厅，里面书画墨宝应有尽有，陆康记得有谢玉岑的画，黄易的对联，吴昌硕的石鼓文书法，而且会定期更换，还伴有钢琴、留声机等一些西式摆设，可谓是中西结合。陆康在这里跟着爷爷写字，帮着爷爷磨墨，看着若瓢和尚、周炼霞、施蛰存、严独鹤、张静庐、沈尹默往来其间。陆康先生曾说：孩子总是好奇心很强，他年幼时就会把着窗户向客厅里张望，其中的家居陈设、爷爷与宾客们的音容笑貌便深深地映入了他的脑海。而之后随陈巨来、钱瘦铁、谢之光等名家学艺的生涯也同样从这里起步。由此他产生了浓重的客厅情结，往小了说，客厅是他的少年梦想，是与书画结缘的社交场，往大了说，客厅是海派文化的标志，海派的艺术、文化、学术便是在客厅里讨论交流、诗词唱和、饮酒唱酬间发展起来的。[44]

　　1980年，陆澹安先生辞世后，陆康便独自一人前往澳门，抛弃过去的成就，从零开始。从32岁到52岁，在澳门的20年间，一无所有的他取得了更大的成就，连续17年担任澳门文化使者。而身在异乡，多少个不眠夜晚，忆及过往、思念故人之时，那份儿时就镌刻在脑海的回忆便开始复苏、发芽，愈演愈烈，最终凝聚为浓浓的乡愁，这份乡愁萦绕在那间精致的客厅里久散不去。

　　2017年炎夏，跨越了37年的那份饱含浓浓乡愁的儿时回忆，在上海大厦被投射成现实。由陆康本人根据记忆重塑的"上海客厅"，在他儿时无比熟悉的上海大厦落成。远远看去，工作室被一条走廊分为一大一小两间。小间内设有数个展示柜、扶手椅，更像是一间会客室；大间则陈列着两个书橱，一张书桌，更像是一间书房。其中陈设着精致典雅的海派老家具、汉砖砚、古陶缶、太湖石、石刻像、唱片机等。恍惚间，这客厅仿佛穿越过几十年的记忆隧道又重新回到了虹口，带着20世纪海派客厅文化的风韵出现在陆康和世人面前。[45]当年坐在1219号宅子里的人已经不在，但是今天来到上海大厦"上海客厅"里的人们却努力传承发扬着当年的客厅文化，回望过去，思索今日，展望未来。对上海大厦来说，"上海客厅"更像是为上海这座城市打造一座开放的客厅，迎接八方来客。

五、迈向未来的上海大厦

上海大厦现任总经理黄嘉宇曾经写过一篇优美的散文《一曲母亲河》，该文刊登在《新民晚报》。他在文章中写道："我在上海大厦上班，我的办公室又正面朝向外滩黄浦江和苏州河的交汇处，每天推开窗户并不需要远眺，黄浦江、外白渡桥、苏州河都在我面前呈'上'字形展开。日出日落，栉风沐雨，上海大厦和它们都是搬不走的邻居。为此，我感到一种莫名的幸运：无需千百次的回眸，就已换得今生在它们面前的驻足停留。"[46]在上海大厦上班是幸运的，但同时也担负着一份沉甸甸的责任。上海大厦是黄嘉宇在衡山集团担任总经理的第二家酒店，之前他曾是这家酒店的副总，而后因工作需要，他被调往衡山集团总部任职，这次回归，对他来说实际是故地重返。

黄嘉宇在进入酒店业之前是一位大学教师，之后曾在世界著名的管理培训机构美国管理协会（AMA）任职，曾翻译过多本管理学著作。正是得益于多年来的教育和工作经历，以及严格、规范的外资酒店管理系统的熏陶，使得他逐步形成了一种善解人意、非常绅士，然而又严谨执着的为人事处事的风格。接触过他的人，都会感受到他那份丰厚的涵养和通达，并由此肃然起敬。

上海大厦是一家具有悠久历史的酒店，也是上海市政府指定的接待型酒店，有着独特的文化和传承，在多位优秀的酒店总经理的接力精心打造和经营下，逐渐形成、确立了自己的接待经营风格，创造了很多蜚声业界的特色，留下了众多宝贵的财富。在这么一家有着厚重历史积累和沉淀的酒店担任总经理，黄嘉宇既感到自豪，又有

周伟浩
上海市技能大师工作室
上海市人力资源和社会保障局
二〇一七年十二月

周伟浩工作室铭牌
（上海大厦提供）

点恙恭，觉得担子沉重。之前在万豪集团下属酒店以及衡山宾馆、马勒别墅、上海大厦的工作经历让黄嘉宇对酒店管理有着自己独到的见解。他认为，像上海大厦这样的酒店在管理手法、管理风格上应与外资酒店有所不同，不能照搬外资酒店的管理，而是要建立自己的特色。他曾经在一篇文章中写道：这些老牌酒店"有着深厚的历史沉淀和文化积累，各具特色的老建筑本身就是一首首隽永的美丽诗篇，一幅幅至臻至善的精美画作，如果在他们各自对企业的更新改造过程中能巧妙地融合历史与现代、经典与时尚、凝重与活泼，能在服务的更加人性化和个性化上下功夫，那么打造出具有中国特色，凸现中国元素，体现海派风情的精品酒店是完全可能的"。[47] 正是秉承着这一理念，他一直致力于对上海大厦的传承创新，即在认同酒店是传承温情、传递温度的媒介的基础上，坚持自己的风格，同时又积极吸收先进的管理经验，走出一条创新之路。

正是在这一经营理念的指导下，上海大厦以打造有特色的精品酒店为目标，不断创新管理手法。有着丰富人力资源管理经验的黄嘉宇要求所有管理人员人人都能成为培训员，人人都能成为质检员，共同担负起维护酒店服务质量的重任。他希望每个员工都能了解大厦的历史，对大厦产生感情，认同大厦这个团体，并意识到大厦是市政府的

上海大厦
BROADWAY MANSIONS

窗口，代表市政府的形象，代表整个上海的水平。[48] 在接待服务方面，大厦继续加大投入和支持力度，使接待工作科学化、规范化。现在，每当收到任务通知，大厦接待团队都能在第一时间作出响应，拿出适当的接待方案。他们还将现代媒体运用到接待工作中，比如建立接待专用的团队微信群，以便在获得相关信息时可迅速传递到位。[49]

在餐饮方面，上海大厦也继续加大创新力度。近年来，餐饮业的竞争越来越大，再加上相关政策环境，上海大厦餐饮业遇到了空前的压力。为了能够更大程度地吸引顾客，以大厦行政总厨周伟浩为代表的餐饮团队致力于新菜品的研发，受到了食客们的充分肯定。他们的用心更体现在顾客的身上。曾经在一次接待任务中，得知南方人为主的 VIP 团队里有几位山东籍的客人，就特地在早餐中增加了馒头、黄瓜和大葱，让这几位身在异乡的客人感到像是回到了家里一样。2017 年以来，以周伟浩名字命名的"技能大师工作室"在上海大厦正式获批成立，这个工作室已成为大厦培养餐饮高技能人才的一大推进器，相信上海大厦的餐饮将会在未来继续保持特色，努力创新，再创辉煌。[50]

关于上海大厦的未来，黄嘉宇认为首先要充分把握外部环境的变化，在做好接待和经营的同时，通过人才队伍的培养，员工意识的增强以及营销手段的多样化，树立市场意识，接受市场的考验。与此同时，要在大厦的文化传承方面继续添砖加瓦，不让大厦的历史出现空白。2020 年秋，大厦利用北外滩开发的契机，凭借现有的资源，在市文旅局的指导下，在集团相关部门的配合下，打造了上海旅游直播间，为进一步挖掘、传扬大厦文化资源作出了新的尝试和努力。

大厦追求的企业文化精神中有这样一句话："不拘泥于现状，随时追求进步，不断自我超越，永远保持进步的理念。"流淌了数千年的苏州河依旧缓缓朝着交汇于黄浦江的方向一路前流。已经横跨其上 100 多年的外白渡

从上海大厦眺望苏州河和浦东（上海大厦提供）

桥和屹立在其边上 70 多个寒暑的上海大厦依旧静静地看着世事变迁，人来人往，离合悲欢，这里的故事还远未到结束的时候。2020 年的夏天，也许又到了一个大变局的

前夜。7月8日，《北外滩地区控制性详细规划》获政府审批，像百年前的外滩追梦，30年前的浦东开放一样，正在以成为全球卓越城市为目标的上海，在北外滩又将演出一幕新的壮丽话剧，而上海大厦的新篇章也将从此揭开。

注　释

1, 《上海市机关事务管理局关于在上海大厦等七处楼顶承办国外广告问题的请示报告》，上海市档案馆藏档案 B50-6-126-1。

2, 《上海大厦 1980 年工作总结》，上海市档案馆藏档案 B50-5-3-77。

3, 《适应旅游事业发展的一个又省又快的办法：上海改造老饭店接待旅客增一倍》，《人民日报》1980 年 1 月 20 日第 2 版。

4, 《上海大厦 1980 年工作总结》，上海市档案馆藏档案 B50-5-3-77。

5, 《适应旅游事业发展的一个又省又快的办法，上海改造老饭店接待旅客增一倍》，《人民日报》1980 年 1 月 20 日第 2 版。

6, 《上海大厦 1980 年工作总结》，上海市档案馆藏档案 B50-5-3-77。

7, 《上海市人民政府机关事务管理局关于上海大厦改造客房的请示》，上海市档案馆藏档案 B50-5-276-3。

8, 《关于上海大厦更新改造二期工程所增加项目内容的请示报告》，上海市档案馆藏档案 B344-2-163-62-60。

9, 《外滩掠影》，《上海青年报》2004 年 5 月 1 日。

10, 《上海大厦面貌一新迎宾客》，《解放日报》1986 年 6 月 25 日第 2 版。

11, 《上海大厦 1980 年工作总结》，上海市档案馆藏档案 B50-5-3-77。

12, 《上海大厦关于五届全运会接待服务三优杯竞赛活动接待工作的汇报》，上海市档案馆藏档案 B50-6-587-44。

13, 《光明日报》1981 年 9 月 13 日第 4 版。

14, 宁白：《夜谈："小事"之大》，羊城晚报（全国版）2007 年 4 月 4 日。

15, 《上海大厦关于房价调整经过情况的报告》，上海市档案馆藏档案 B50-6-98-92。

16, 《上海大厦经营承包合同》，上海市档案馆藏档案。

17, 陶配泰：《全面质量管理在旅游饭店的运用及其效能：上海大厦的经验》，《上海改革》1991 年第 6 期。

18, 张文贤：《人力资源会计制度设计》，立信会计出版社 1999 年版，第 243 页。

19, 张文贤：《人力资源会计制度设计》，立信会计出版社 1999 年版，第 243 页。

20, 王大悟：《当代饭店透视与聚焦》，黄山书社 2002 年版，第 232—236 页。

21, 《上海大厦建立采购核价新机制》，中国食品报 2000 年 10 月 19 日第 7 版。

22, 蒋一帆：《酒店服务 180 例》，东方出版中心 1996 年版，第 252—253 页。

23, 王大悟等主编：《中国旅游饭店发展蓝皮书 1979—2000》中国旅游出版社 2002 年版，第 281 页。

24, 《上海大厦：老饭店书写新辉煌》，《解放日报》2012 年 8 月 16 日第 4 版。

25, 《衡山集团巨资改造上海大厦》，《东方早报》2007 年 6 月 6 日 B10 版。

26, 赵仁荣：《上海的住》，上海交通大学出版社 2010 年版，第 24 页。

27, 赵伟民等：《历史建筑节能技术在上海大厦保护修缮中的探究》，《建筑节能》2011 年第 6 期。

28, 《打造历史底蕴与国际化酒店服务相融合的经典五星级酒店：专访上海衡山集团副总裁、上海大厦总经理陆洋》，《中国贸易报》2013 年 1 月 24 日。

29, 《打造历史底蕴与国际化酒店服务相融合的经典五星级酒店：专访上海衡山集团副总裁、上海大厦总经理陆洋》，《中国贸易报》2013 年 1 月 24 日。

上海大厦
BROADWAY MANSIONS

30,《半个世界的坚守：上海大厦金牌接待王思云》，《衡山故事·工匠之能》，上海人民出版社 2019 年版，第 36—43 页。

31,【日】内山完造：《吐铁会见记》，《内山完造纪念集》，上海文化出版社 2009 年版，第 221 页。

32,《我在华侨饭店当大厨》，《合肥晚报（数字报）》2013 年 3 月 14 日 E05 版。

33,《1973 年上海大厦的那道风景》，《申江服务导报》2006 年 1 月 18 日 C04 版。

34,沈宏非：《梅边寻味》，《东方早报》2009 年 6 月 7 日。

35,陶配泰、路仲春：《上海大厦的开国大典宴》，《上海调味品》1993 年第 3 期。

36,周三金：《上海老菜馆》，上海辞书出版社 2008 年版，第 126 页。

37,《弥漫着人文情怀的"上海客厅"》，《新民晚报》2017 年 5 月 19 日。

38,郑逸梅：《艺林散叶》，北方文艺出版社 2017 年版，第 122 页。

39,陆康先生访谈，2020 年 7 月 30 日采访。

40,谢蔚明：《岁月的风铃》，天津教育出版社 1993 年版，第 52 页。

41,《上海大厦寥天楼藏画亮相》，《新闻晚报》2013 年 6 月 26 日 AII21。

42,肖可霄：《上海大厦：穿越 1934 年的外滩镜像》，"澎湃"2020 年 1 月 6 日，https://www.thepaper.cn/newsDetail_forward_5439668

43,《弥漫着人文情怀的"上海客厅"》，《新民晚报》2017 年 5 月 19 日。

44,陆康先生访谈，2020 年 7 月 30 日采访。

45,《陆康：海派客厅文化的回归》，《衡山·故事名人之传》，上海人民出版社 2019 年版，第 29—32 页。

46,黄嘉宇：《一曲母亲河》，《新民晚报》2019 年 5 月 12 日第 14 版。

47,黄嘉宇：《我们如何打造精品酒店》，《饭店世界》2008 年第 3 期。

48,黄嘉宇先生访谈，2020 年 7 月 30 日采访。

49,《半个世界的坚守：上海大厦金牌接待王思云》，《衡山故事·工匠之能》，上海人民出版社 2019 年版，第 43 页。

50,《化平淡为神奇的淮扬菜大师：上海大厦行政总厨周伟浩》，《衡山故事·工匠故事》，上海人民出版社 2019 年版，第 44—52 页。

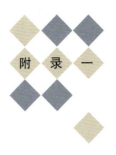

附 录 一

大 事 记

1931 年 3 月 24 日

业广公司一年一度的股东会议召开，公司在大会上宣布将在北苏州河路，邻近外白渡桥的 Cad.Lot.1017 号地块建造百老汇大厦（Broadway Mansions）。

1931 年 10 月

百老汇大厦打桩工程开始。

1931 年年底

百老汇大厦的设计师法雷瑞在记者招待会上宣布，百老汇大厦将由 19 层改为 22 层。

1933 年 5 月

业广公司在股东大会上正式宣布，百老汇大厦将从钢筋混凝土结构改为全钢结构。

1935 年春

百老汇大厦落成。

是年，《纽约时报》驻华首席记者阿班将办公室搬进了这里的 16 楼。

1936 年 12 月

《纽约时报》驻华首席记者阿班在百老汇大厦第一次将"西安事变"的消息公之于众。

1937 年 12 月 11 日

《大陆报》报道，日方恒产公司向英商业广公司提出购买百老汇大厦。

1938 年 12 月

日本侵略军与南京伪维新政府在百老汇大厦六楼开设了伪苏浙皖禁烟局。

是年底，日本陆海军机关进驻百老汇大厦。

1939 年 3 月 28 日

业广公司与日本恒产公司办理百老汇大厦的交接仪式。

1939 年 5 月

汪精卫入住百老汇大厦，并以此为进行所谓"和运"的大本营。

1939 年 6 月初

伪"上海地方戒烟局"在百老汇大厦成立。

1940 年 7 月 19 日

《纽约时报》驻华首席记者阿班在大厦被日本人殴打。

1943 年 9 月 6 日

李士群在百老汇大厦中毒，9 日毙命。

1945 年 8 月

日本宣布投降。

1945 年 8 月

国民党中央宣传部国际宣传处上海办事处入驻大厦15 楼的 11 号房间，后更名为行政院新闻局上海办事处。

1945 年 9 月

美军遣撤部入驻百老汇大厦，直到次年 9 月大部撤返美国。

1945 年 10 月

时任行政院长宋子文制定上海接收工作的相关命令，根据相关命令，百老汇大厦产权归中央政府所有，其处置程序则由敌伪产业处理局根据审议会的决定，交由中央信托局负责处理。

1946 年 3 月 8 日

百老汇大厦员工因反对美军擅自开除员工而罢工，美军直接出动宪兵队，将全体职工赶出大厦。

1946 年 5 月 16 日

时任远东国际军事法庭中国法官的梅汝璈及美国法官希金斯自东京飞抵上海，随行人员在百老汇大厦下榻。

1946 年 5 月

经由中宣部转呈行政院，行政院长宋子文电令敌伪产业管理局将百老汇大厦酌量分租一二层给予外国记者居住。

1946 年 7 月 15 日

宋子文的秘书江季平致信给时任上海市长的吴国桢，决定对上海百老汇大厦暂不标售，留以招待外宾及中央大员莅沪行馆之用。

1946 年 10 月 2 日

据《申报》报道：百老汇大厦将由国防部接管，充作励志社上海之社址，以招待军政要员眷属及外宾之用。

1947 年 1 月 1 日

上海市学生举行反美抗暴示威游行。1 万多名同学包围了美军驻扎的百老汇大厦。

1947 年 5 月

百老汇大厦员工发动工潮，抗议励志社薪水过低。

上海大厦
BROADWAY MANSIONS

1949 年 1 月 28 日

美军宣布自清晨起撤离百老汇大厦，仅余少数卫队继续留驻。美国经合分署择定百老汇大厦为办公处及职员宿舍之用，等驻厦美军迁出后就迁入。

1949 年 2 月

由于励志社退出，外籍驻华记者协会向中央信托局敌伪产业管理处租赁使用百老汇大厦。

1949 年 5 月 8 日

外籍记者俱乐部发出通告，退出该大厦并放弃管理权。西餐咖啡业职工工会组织工人自我管理，以确保大厦财产不受损失。

1949 年 5 月 24 日晚

第三野战军第 27 军进攻外白渡桥，百老汇大厦国民党残部负隅顽抗。

1949 年 5 月 26 日

国民党残部投降，百老汇大厦回到了人民的怀抱。

1949 年 5 月 27 日

根据第三野战军于 5 月 26 日发布的《京字第五号命令》，解放军上海警备司令部（九兵团）进驻至百老汇大厦指挥。同日，以军代表祝华为首的军管会接收小组进驻百老汇大厦。华东局财经委员会进驻百老汇大厦办公。

1949 年 5 月 31 日

上海市军事管制委员会任命管易文为交际处处长，周而复、梅达君为副处长。交际处进驻百老汇大厦工作。

1949 年 6 月 1 日

中共中央华东局成立统一战线工作部，兼管上海市的统战工作，陈毅市长兼任部长，潘汉年副市长任副部长，周而复为秘书长。决定财经委员会从百老汇大厦迁出，办公用房交给统战部使用。

1949 年 8 月

陈云从北京赴上海，住在百老汇大厦，领导上海的经济战，主持召开财经会议。

同月，上海市军事管制委员会员外侨事务处搬迁至百老汇大厦二楼办公。

1950 年 3 月

中共上海市委统战部成立，但仍与华东局统战部合署办公，两块牌子，一套班子。

同月，一部防空 313 雷达架设到百老汇大厦。

1951 年 4 月 16 日

经陈毅市长提议，潘汉年副市长批示，决定自 5 月 1 日起改名为"上海大厦"。

是年，华东局统战部和上海统战部分开，上海统战部办公地点迁至建设大厦。

1952 年

周而复开始在大厦中着手撰写《上海的早晨》。

1953 年 5 月

交际处直接领导对上海大厦进行组织调整，在大厦设立管理室。

1954 年 10 月

上海市外事处从百老汇大厦迁至南京西路1418号办公。

1956 年

上海市人民委员会决定在市人民委员会办公厅行政处、交际处基础上成立机关事务管理局，上海大厦转由机关事务管理局管理，以政治接待任务为主要工作。不久，上海大厦进行改组，成为一个独立性单位，直属机关事务管理局领导，由局交际处具体负责。任百尊成为上海大厦的第一任经理。

1958 年 10 月

时年 65 岁的郭安娜入住上海大厦 1614 室。

1958 年 12 月 4 日

陈毅副总理陪同金日成登上上海大厦。

1959 年 12 月

邓小平在这里举行重要的招待活动，称赞上海大厦的菜肴达到了"国家水平"。

1960年5月17日

上海大厦支部申请成立上海大厦总支委员会，6月17日，经中共上海市人民委员会机关委员会同意，上海大厦总支正式成立。

1962年冬

郭沫若入住上海大厦，其间留下两幅书法作品，一幅是毛泽东的《念奴娇·昆仑》，一首是自题七绝诗："登上天梯十八重，汪洋上海鼓东风。春申水涨铺银浪，万顷楼台映日红。"

1967年1月

上海爆发"一月风暴"，其间，上海市委第一书记陈丕显曾经被造反派关押在上海大厦7楼。

1967年1月5日

1600多名回乡支农、支边的职工和上山下乡的知识青年，以"上海工人支农回沪造反司令部"（简称"支农司"）的名义进入上海大厦，一直延续到2月底，此即上海大厦事件。

1968年

上海市革命委员会决定对锦江、和平、国际、衡山、华侨饭店和上海大厦这六家涉外饭店实行军管，专门成立中国人民解放军上海警备区上海市六个饭店军事管制委员会。

1972年

军管会决定在锦江、衡山、上海大厦三个饭店尝试开设对外餐厅，以便更好地在实践中加快培养新厨师的步伐。

1973年9月16日

中法双方签订的《联合公报》发表，周恩来和蓬皮杜在上海大厦共祝中法友好合作关系的发展。

1976年12月2日至1977年3月8日

中央工作组集中居住在上海大厦。

上海市对上海大厦等老饭店进行改造，以增加国外旅游者的床位。

1983 年 9 月 10 日至 10 月 2 日

第五届全国运动会在上海举行。上海大厦负责接待大会组委会和全国 31 个代表团的团部，同时还承办了 9 月 16 日 600 人的开幕式酒会和 10 月 1 日 1200 人的闭幕式酒会，受到国家体委、各省体委和运动员的一致好评。

1983 年 12 月 28 日

上海大厦与香港艺林公司、利登设计工程有限公司签订了客房改造合同。

1983 年底

上海大厦开始试行经营承包责任制。

1984 年 3 月

按照政企分开的原则，经中共上海市委、市人民政府批准，决定将原属于市政府机关事务管理局的锦江、和平、国际、静安、龙柏、华侨、达华、衡山、申江、上海大厦、青年会 11 家饭店和友谊汽车服务公司联合组建为上海市锦江（集团）联营公司。

1986 年

上海大厦开始尝试以推行全面质量管理来开创新的管理模式，理顺新的管理机制，提高服务质量。

1988 年 5 月

上海衡山（集团）联营公司成立，上海大厦划归衡山集团管理。

1989 年 9 月 25 日

上海市人民政府正式公布将"百老汇大厦"列为上海市文物保护单位，同时命名为近代优秀建筑。

1989 年 10 月 4 日

上海诞生首批 6 家三星级饭店，上海大厦名列其中。

1989 年

上海大厦厨师王致福被劳动部评定为中国第一批高级技师职称，成为当时上海第一位也是唯一的中菜高级烹饪技师。

1996 年 11 月 20 日

中华人民共和国国务院公布第四批全国重点文物保护名单，其中有上海的外滩建筑群。外滩建筑群是指从外滩的东面上海大厦（百老汇大厦）起至延安东路口的 1906—1937 年的老建筑。

1998 年秋

上海大厦为迎接中华人民共和国成立五十周年复刻了"开国大典第一宴"。

是年，上海大厦对大厦进行改造，并尽量以新出台的星级评定标准（草案）为改造依据，争取达到四星级标准。

1999 年

上海大厦升级为四星级酒店。

2001 年 11 月

梅葆玖先生随《中国贵妃》剧组来沪演出期间，上海大厦推出了"梅府家宴"，由王致福等名厨亲自操作。

2007 年

上海大厦经过为期 18 个月不停业的大规模改造，内部经营环境大为改善，产品功能得到全方位拓展，将老酒店的历史文化氛围和现代商务功能特色融为一体。

2008 年 12 月 22 日

上海大厦正式通过了国家星级评委的终审，挂牌荣升"五星级酒店"。

2009 年 3 月

经过修复的百年外白渡桥以原貌回到原地，上海大厦引起人们的关注。

在历时 195 天的上海世博会期间，上海大厦被指定为世博会国内贵宾接待专用酒店，出色地完成了接待任务，并于当年荣获中共中央、国务院授予的"上海世博会先进集体"。

朵云轩首次设寥天楼专场，引起轰动。

上海大厦每个月在文化艺术中心举行百老汇雅集。

上海市工商行政管理局将"上海大厦"商标认定为第 20 批上海市著名商标。

上海大厦引入沪上著名艺术家陆康，在大厦内打造"上海客厅"。

涉及上海大厦的《北外滩地区控制性详细规划》获政府审批。

由上海市文化和旅游局指导推出的上海旅游直播间在上海大厦正式启用。

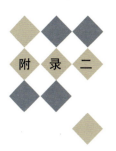

附 录 二

世界各国
领导人及友人
莅临上海大厦
登高记录

Leaders & Friends From Countries
All Over The World Who
Have Visited Broadway Mansions Hotel

自1956年10月起，共有120多批世界各国政府级代表团先后莅临上海大厦18楼登高，俯瞰上海的外滩城市景观。其中有：

More than 120 delegations who represent governments of their respective countries visited Broadway Mansions .

Hotel's 18th floor observation balcony, overlooking the historic Shanghai Bund's Scenery since October 1956.

Among the Representatives, were:

1957.04.23	苏联最高苏维埃主席团会议主席伏罗希洛夫
1958.12.04	朝鲜民主主义人民共和国首相金日成
1961.08.17	加纳共和国总统恩克鲁玛
1961.08.21	巴西合众国副总统若奥·贝尔希奥·古拉特
1973.09.17	法兰西共和国总统乔治·蓬皮杜
1961.09.14	几内亚共和国总统塞古·杜尔
1961.10.10	比利时王国王太后伊丽莎白
1963.02.21	柬埔寨王国国家元首诺罗敦·西哈努克亲王和夫人
1964.06.07	也门共和国总统萨拉勒
1964.11.09	阿富汗王国国王查希尔和夫人霍梅拉
1967.06.25	赞比亚共和国总统卡翁达
1975.07.03	泰王国总理蒙拉差翁·克立·巴莫
1975.09.20	新加坡共和国总理李光耀和夫人
1977.10.15	德意志联邦共和国副总理兼外长费尔·根舍
1978.01.23	法兰西共和国总理雷蒙·巴尔
1981.09.21	瑞典王国国王卡尔十六世·古斯塔夫和王后西尔维娅
1978.06.21	西班牙王国国王胡安·卡洛斯和王后索菲亚
1987.05.15	荷兰王国首相吕贝尔斯
1988.10.26	匈牙利共产党中央书记卢卡奇·亚诺什
2001.10.21	日本国内阁总理大臣小泉纯一郎
2006.09.24	立陶宛总统瓦尔达斯·阿达姆库斯
2006.10.27	阿根廷副总统丹尼尔·奥斯瓦尔多·西奥利
2006.11.21	保加利亚总理谢尔盖·斯塔尼舍夫
2013.07.03	美国前国务卿亨利·艾尔弗雷德·基辛格
2015.11.03	德国前总理格哈德·施罗德

1957.04.23　Mr. Voroshilov, Chairman of Soviet Union's Highest Soviet Presidium Conference

1958.12.04　Mr. Jin Richeng, Prime Minister of Democratic People's Republic of Korea

1961.08.17　Mr. Kwame Nkrumah, President of The Republic of Ghana

1961.08.21　Mr. Juao Belchior Marques Goulart Vice President of Brazil

1973.09.17　Mr. Georges Pompidou, President of French Republic

1961.09.14　Mr. Ahmed Sekou Toure President of the Republic of Guinea

1961.10.10　Queen Elizabeth of Belgium

1963.02.21　President Samdech Norodom Sichanouk and his wife from the the Kingdom of Cambodia

1964.06.07　Mr. Abdullah alSallal, President of The Republic of Yemen

1964.11.09　King Mohamed Zahir Sha and Queen Homaira Begorn of Afghanistan

1967.06.25　Mr. Kenneth Kaunda, President of The Republic of Zambia

1975.07.03　Mr. Monlatsawon Cribb Ballmer, Premier of Thailand

1975.09.20　Mr. & Mrs. Lee Kuan Yew, Premier of Singapore

1977.10.15　Mr. Fiel Gunther, Vice Premier and Minister of Foreign Affairs of The Federal Republic of Germany

1978.01.23　Mr. Raymond Barre, Premier of French Republic

1981.09.21　King Carl XVI and Queen Silvia of Sweden

1978.06.21　King Juan Carlos and Queen Sophia of Spain

1987.05.15　Mr. Ruud Lubbers, Prime Minister of The Netherlands

1988.10.26　Mr. Karoly Grosz,The Central Secretary of Hungary's Communist Party

2001.10.21　Mr. Junichiro Koizumi, Prime Minister of Japan

2006.09.24　Mr. Valdas Adamkus, President of Lithuania

2006.10.27　Mr. Daniel Osvaldo Sciolli, Vice President of Argentina

2006.11.21　Mr. Sergey Dmitrievich Stanishev, Prime Minister of Bulg

2013.07.03　Mr. Henry Alfred Kissinger, Former U.S.Secretary of State

2015.11.03　Mr. Gerhard Fritz Kurt Schroder, Former Prime Minister of Germany

参考文献

一、地方志、文史资料

乾隆《上海县志》，《上海府县旧志丛书·上海县卷》，上海古籍出版社2015年版。

同治《上海县志》，《上海府县旧志丛书·上海县卷》，上海古籍出版社2015年版。

民国《上海县续志》，《上海府县旧志丛书·上海县卷》，上海古籍出版社2015年版。

《虹口区志》编纂委员会编：《虹口区志》，上海社会科学院出版社1999年版。

《上海房地产志》编纂委员会编：《上海房地产志》，上海社会科学院出版社1999年版。

《上海建筑材料工业志》编纂委员会编：《上海建筑材料工业志》，上海社会科学院出版社1997年版。

浙江省建筑业志编纂委员会编：《浙江省建筑业志》，方志出版社2004年版。

《20世纪上海文史资料文库》第2辑《政治军事》，上海书店出版社1999年版。

上海市档案馆编：《工部局董事会会议录》，上海古籍出版社2001年版。

徐雪筠等译：《海关十年报告》，上海社会科学院出版社1985年版。

《内山完造纪念集》，上海文化出版社2009年版。

上海市档案馆编：《日本在华中经济掠夺史料》，上海书店出版社2005年版。

张铨等编：《日军在上海的罪行与统治》，上海人民出版社2000年版。

《上海解放四十周年纪念文集》编辑组编：《上海解放四十周年纪念文集》，学林出版社1989版。

中共上海市委党史资料征集委员会主编，中共上海新亚（集团）联营公司委员会，上海酒菜业职工运动史资料征集小组编：《上海酒菜业职工运动史料》，1988年版。

顾炳权编：《上海洋场竹枝词》，上海书店出版社1996年版。

中国人民解放军上海警备区，中共上海市委党史资料征集委员会合编：《上海战役》，学林出版社1989年版。

上海社会科学院历史研究所译编：《太平军在上海：〈北华捷报〉选译》，上海人民出版社1983年版。

台湾民主自治同盟上海市委员会，政协上海市委员会文史资料委员会编：《上海文史资料选辑》，2010年第3期。

《水之源：上海交通大学"弘扬交大爱国主义革命传统，塑造社会主义跨世纪新人"研讨会文集》，上海交通大学出版社1997年版。

湛江市委员会学习文史委员会编：《湛江文史》第19辑，2000年版。

二、研究著作

许乙弘著：《Art Deco 的源与流：中西"摩登"建筑关系研究》，东南大学出版社 2006 年版。

【美】斯特朗著，陈裕年译：《安娜·路易斯·斯特朗回忆录》，生活·读书·新知三联书店 1982 年版。

唐人著：《草山残梦》，中国档案出版社 1998 年版。

金华编著：《陈迹——金石声与现代中国摄影》，同济大学出版社 2017 年版。

张仲礼编：《城市进步、企业发展和中国现代化》，上海人民出版社 1988 年版。

【美】霍塞著，越裔译：《出卖上海滩》，上海书店出版社 1999 年版。

王大悟著：《当代饭店透视与聚焦》，黄山书社 2002 年版。

黄仁宇著：《放宽历史的视界》，生活·读书·新知三联书店 2015 年版。

谢湜著：《高乡与低乡：11-16 世纪江南区域历史地理研究》，生活·读书·新知三联书店 2015 年版。

周瘦鹃著：《姑苏书简》，新华出版社 1995 年版。

衡山集团编著：《衡山故事·工匠之能》，上海人民出版社 2019 年版。

衡山集团编著：《衡山故事·名人之传》，上海人民出版社 2019 年版。

【日】高冈博文著，陈祖恩译：《近代上海日侨社会史》，上海人民出版社 2014 年版。

【英】保罗·法兰奇著，张强译：《镜里看中国》，中国友谊出版公司 2011 年版。

王火著：《九十回眸 中国现当代史上那些人和事》，四川人民出版社 2014 年版。

蒋一帆主编：《酒店服务 180 例》，东方出版中心 1996 年版。

经盛鸿、经珊珊著：《抗战往事 1931-1945》，团结出版社 2016 年版。

薛理勇著：《老上海房地产大鳄》，上海书店出版社 2014 年版。

徐策著：《魔都》，文汇出版社 2016 年版。

【清】毛祥麟著：《墨余录》，上海古籍出版社 1985 年版。

周瘦鹃著：《拈花集》，上海文化出版社 1983 年版。

吴德才、陈毅贤著：《农民的儿子杨显东传》，中国青年出版社 2011 年版。

尹骐著：《潘汉年的情报生涯》，中共党史出版社 2018 年版。

张文贤著：《人力资源会计制度设计》，立信会计出版社 1999 年版。

娄承浩、薛顺生编著：《上海百年建筑师和营造师》，同济大学出版社 2011 年版。

【美】魏斐德（Frederic Wakeman, Jr.）著，芮传明译：《上海歹土：战时恐怖活动与城市犯罪 1937-1941》，上海古籍出版社 2003 年版。

赵仁荣著：《上海的住》，上海交通大学出版社 2010 年版。

蒯世勋著：《上海公共租界史稿》，上海人民出版社 1980 年版。

周三金著：《上海老菜馆》，上海辞书出版社 2008 年版。

【美】李欧梵著，毛尖译：《上海摩登：一种新都市文化在中国 1930-1945》，北京大学出版社 2001 年版。

宋路霞著：《上海滩名门闺秀》，上海科学技术文献出版社 2016 年版。

潘君祥、王仰清主编：《上海通史》8 卷，上海人民出版社 1999 年版。

邢定康等编：《上海游屐：民国风情实录》，东南大学出版社 2017 年版。

沈从文著：《沈从文全集》第 20 卷《书信》，北岳文艺出版社 2002 年版。

王唯铭著：《苏州河，黎明来敲门：1843 年以来的上海叙事》，上海人民出版社 2015 年版。

谢蔚明著：《岁月的风铃》，天津教育出版社 1993 年版。

【日】山口淑子、藤原作弥著：《她是国际间谍吗？日本歌星、影星李香兰自述》，中国文史出版社 1988 年版。

郑肇经主编：《太湖水利技术史》，农业出版社 1987 年版。

周而复著：《往事回首录》上部，《周而复文集》21 卷，文化艺术出版社 2004 年版。

【美】罗亚尔·伦纳德著，刘万勇译：《我为中国飞行：蒋介石、张学良私人飞行员自述》，昆仑出版社2011年版。

【美】卢·格里斯特著；李淑娟、郑涛译：《我最亲爱的洛蒂：一个美国大兵写自60年前的中国战区》，新世界出版社2005年版。

【美】阿班著，杨植峰译：《一个美国记者眼中的真实民国》，中国画报出版社2014年版。

王向韬著：《一九四九：在华西方人眼中的上海解放》，上海书店出版社2020年版。

郑逸梅著：《艺林散叶》，北方文艺出版社2017年版。

李海清著：《中国建筑现代转型》，东南大学出版社2004年版。

王大悟等主编：《中国旅游饭店发展蓝皮书1979—2000》，中国旅游出版社2002年版。

【澳】丹尼森、广裕仁著，吴真贞译：《中国现代主义：建筑的视角与变革》，电子工业出版社2012年版。

三、学位论文

张鹰：《从上海外滩近代建筑看近代海派建筑风格》，苏州大学硕士论文，2009年。

唐方：《都市建筑控制》，同济大学博士论文，2006年。

徐贯虹：《怀旧与摩登：装饰意味的上海Art Deco建筑》，上海师范大学硕士论文，2010年。

宋庆：《外滩历史老大楼研究——沙逊大厦的历史特征与再生策略》，同济大学硕士学位论文，2007年。

四、期刊论文

李将、钱宗灏：《从外廊式到装饰艺术派：上海业广公司的建筑开展历程》，《2006年中国近代建筑史国际研讨会论文集》，2006年。

吴俊范：《从英、美租界道路网的形成看近代上海城市空间的早期拓展》，《历史地理》第21辑，2006年。

郑定铨：《奋战上海200天》，《百年潮》2011年第4期。

金一超：《虹口港水通江浦，默护上海肇始处》，《上海地方志》2016年第2期。

戴鞍钢、张修桂：《环境演化与上海地区内河航运的变迁》，《历史地理》第18辑，2002年。

苟坤明：《黄仁霖与励志社》，《民国春秋》1998年第1期。

于德文：《回眸虹口解放的前前后后》，政协上海市虹口区委员会文史资料委员会编《文史苑》第17期，1999年。

马锡芳：《回忆解放初期的上海统战工作》，《上海市社会主义学院学报》2011年第5期。

刘白羽：《火一样的人》，《黄镇将军纪念文集》，解放军出版社1992年版。

赵政坤：《解放上海："瓷器里捉老鼠"》，《党史文汇》2011年第11期。

娄承浩：《近代上海的建筑业和建筑师》，《上海档案》1992年第2期。

赵伟民等：《历史建筑节能技术在上海大厦保护修缮中的探究》，《建筑节能》2011年第6期。

关林：《励志社》，《钟山风雨》2004年第4期。

金家秀：《美国兵滚出去：记元旦上海学生抗议美军暴行万人大游行》，《评论报》1947年第6期。

周志正：《日本人在上海》，虹口地方志办公室编《虹口区文化史志资料选编》第12辑，1994年。

陶配泰、路仲春：《上海大厦的开国大典宴》，《上海调味品》1993年第3期。

谭其骧：《上海市大陆部分的海陆变迁和开发过程》，《考古》1973年第1期。

吴越：《申江杂谈：百老汇大厦的墙根》，《人世间》1947年第5期。

黄妍妮、张健：《苏州河两岸优秀历史建筑研究2：东段建筑的立面样式演变》，《华中建筑》2007年第5期。

满志敏：《推测抑或明证：明朝吴淞江

254

主道的变化》，《历史地理》第26辑，2012年。

李肇炽：《我家与周公馆的一段情》，《支部生活》2000第1期。

黄嘉宇：《我们如何打造精品酒店》，《饭店世界》2008年第3期。

孙石灵：《狭的天地》，《鲁迅风》1939年7月第17期。

朱伟：《业广公司及其大楼》，上海市历史博物馆编《都会遗踪》第11辑，学林出版社2013年版。

弓一长：《忆老首长李一非》，王柏林主编《黔西南州党史资料》第3辑，1998年。

吴月丽：《与郭沫若日籍夫人安娜相处的日子（一）》，《档案春秋》2008年第8期。

吴月丽：《与郭沫若日籍夫人安娜相处的日子（三）》，《档案春秋》2008年第10期。

吴月丽：《与郭沫若日籍夫人安娜相处的日子（四）》，《档案春秋》2008年第11期。

五、档案

《百老汇大厦、西餐咖啡业工会与上海市社会局关于调整待遇、被革职工要求复职、被美军开除、失业所请救济、励志社第七招待所要求调整工资、解雇工人九名、年奖等纠纷来往文书》，上海市档案馆藏档案Q6-8-275。

《关于锦江、衡山、上海大厦开设对外餐厅的请示报告》，上海市档案馆藏档案B50-3-76-27。

《关于上海大厦更新改造二期工程所增加项目内容的请示报告》，上海市档案馆藏档案B344-2-163-62-60。

《国营上海大厦饭店行政会议制度（试行）》，上海市档案馆藏档案B50-2-199-63。

《交际处与上海大厦饭店在来宾接待中有关业务分工的几项具体办法》，上海市档案馆藏档案B50-1-30-29。

《六个饭店军管会关于维修房屋与添置部分设备的请示》，上海市档案馆藏

档案B50-4-35-1。

《上海大厦1953年人事工作总结》，上海市档案馆藏档案B-1-2-3185-41。

《上海大厦1980年工作总结》，上海市档案馆藏档案B50-5-3-77。

《上海大厦编制方案及人事意见》，上海市档案馆藏档案B50-1-35-32。

《上海大厦的性质任务与有关的方针》，上海市档案馆藏档案B50-2-226-2。

《上海大厦饭店管理经验》，上海市档案馆藏档案B50-2-217-16。

《上海大厦服务台关于会客工作的几点做法》，上海市档案馆藏档案B50-4-46-23

《上海大厦关于1959年国庆治安保卫工作的总结》，上海市档案馆藏档案B50-2-264-61。

《上海大厦关于房价调整经过情况的报告》，上海市档案馆藏档案B50-6-98-92。

《上海大厦关于五届全运会接待服务三优杯竞赛活动接待工作的汇报》，上海市档案馆藏档案B50-6-587-44。

《上海大厦经营承包合同》，上海市档案馆藏档案。

《上海大厦职工业余文化学习班填报1954年上半年上海市干部业余文化补习学校报表》，上海市档案馆藏档案B105-5-1185-40。

《上海革命委员会办公室行政组关于六个饭店财务接交情况的汇报》，上海市档案馆藏档案。

《上海恒产公司呈购买百老汇大厦文件案》，上海市档案馆藏档案R16-1-15。

《上海军管会交际处业务分工与互相结合细则（草案）》，上海市档案馆藏档案B24-2-1-51。

《上海平民医院筹备处为呈请拨给百老汇大厦楼房数层筹设平民医院的呈文》，上海市档案馆藏档案Q1-16-215-7。

《上海市城市建设革命委员会关于上海大厦周围黑烟囱除尘问题的报告》，上海市档案馆藏档案B1340-3-560-11。

《上海市机关事务管理局关于在上海大厦等七处楼顶承办国外广告问题的请示报告》，上海市档案馆藏档案B50-6-126-1。

《上海市警察局刑事处关于取缔百老汇大楼附近小贩及并防范扒窃案》，上海市档案馆藏档案Q131-51-2740。

《上海市人民委员会关于机关事务管理局的编制报告》，上海市档案馆藏档案B1-1725-85。

《上海市人民委员会机关事务管理局所属各国营饭店收费标准》，上海市档案馆藏档案B50-1-30。

《上海市人民政府办公厅关于上海大厦管理室股长以下人员职务任命》，上海市档案馆藏档案B1-1-1719-45。

《上海市人民政府机关事务管理局关于上海大厦改造客房的请示》，上海市档案馆藏档案B50-5-276-3。

《上海市五八兵团革命造反总指挥部关于上海大厦事件由来及事实真相的介绍》，上海市档案馆藏档案B336-1-37-52。

《上海市政府关于百老汇大楼处置办法的文件》，上海市档案馆藏档案Q1-17-496。

《中共上海市人民委员会办公厅委员会关于上海大厦成立党总支委员会的批复》，上海市档案馆藏档案B1-1781-4。

《中共上海市委国际活动指导委员会办公室关于建议上海大厦国际友人服务部门口增加英法两种外文名称问题的函》，上海市档案馆藏档案B123-3-1188-1。

六、外文文献

The China Press（《大陆报》）

North-China Herald（《字林西报》）

Julian Schuman, Assignment China, Foreign Languages Press, 2004.

Peter Townsend, China Phonenix: The Revolution in China, Alden Press, 1955.

后 记

　　20世纪60年代初，当时还在上海读大学的我的父母，以上海大厦和外白渡桥为背景各自拍摄了一张照片。就在我撰写《上海大厦》这部小书时，他们又在偶然的机缘下翻找出了这两张照片，也许这就是冥冥中的缘份，使我与上海大厦早在50多年前就联系在了一起。

　　也可能正是这种冥冥中注定的缘份，使得多年后的我有幸可以撰写上海大厦的历史。从百老汇大厦一直到上海大厦，这幢建筑自从建造以来便一直具有标志性和话题性。我父亲就曾经和我讲过那个流传了很久的，因为数大厦楼层，结果帽子掉下来的笑话。多年来，上海大厦一直出现在人们生活中，从合影到旅行包，见证着这座城市的发展变迁。但它又一直与大部分人若即若离，人们看它的历史，仿佛是雾里看花，总带着一点神秘。除了纪念我和大厦的缘份之外，我也希望通过撰写这部大厦的历史，能够揭开蒙在它脸上的层层面纱，让人们真正了解它的沧桑变化，并能从中一窥苏州河、虹口、北外滩乃至上海这座城市的历史。当然限于学力和时间，这一目标能否达到尚未可知，我心中也明白，其中多有疏漏乃至错误，这些不足之处，尚祈海内外专家以及读者不吝斧正。

　　在本书稿的撰写中，得到了相关单位及有关人士的大力支持与协助。首先要感谢上海大厦黄嘉宇总经理提供的热情帮助，而公关经理潘苏小姐总会不厌其烦地满足我各种查找资料的要求，帮我联系需要采访查询的各位人士，同时还要感谢陆康先生、董玉英女士能够接受我的采访。感谢虹口区地方志办公室、虹口区档案馆的冯谷兰女士、万俊先生、金一超先生、陆雯先生为我提供的热情帮助和指导。感谢中共上海市委宣传部、上海市档案馆将我纳入"四史"研究团队，使得我在疫情期间可以相对方便地在上海市档案馆查阅档案。感谢学林出版社的编辑团队，为这本书的最终出版付出了辛勤的劳动。最后，还要感谢我们这个撰稿团队的互帮互助。感谢熊月之先生的邀请让我有机会撰写这本书，从制定方案、拟定框架到最后定稿，熊月之先生更是一直认真地提出了非常宝贵的意见。而肖可霄先生、彭晓亮先生、黄婷女士，或是交流信息，或是交换材料，都毫无保留地予以协助。在此，我要一并向以上提到的以及没有提到的所有人表达自己最诚挚的谢意。如果这本书有一些价值和意义，其实和他们的给予的帮助是分不开的。

叶　舟

上海大厦
BROADWAY MANSIONS

图书在版编目(CIP)数据

上海大厦/叶舟著.—上海:学林出版社,
2021

("爱上北外滩"系列/熊月之主编)
ISBN 978-7-5486-1716-7

Ⅰ.①上… Ⅱ.①叶… Ⅲ.①饭店—介绍—上海
Ⅳ.①K928.8

中国版本图书馆 CIP 数据核字(2020)第 250580 号

责任编辑 胡雅君　石佳彦
整体设计 姜　明

"爱上北外滩"系列
上海大厦
熊月之　主编
叶　舟　著

出　　版　学林出版社
　　　　　　(200001　上海福建中路 193 号)
发　　行　上海人民出版社发行中心
　　　　　　(200001　上海福建中路 193 号)
印　　刷　上海雅昌印刷有限公司
开　　本　890×1240　1/32
印　　张　8.5
字　　数　23 万
版　　次　2021 年 5 月第 1 版
印　　次　2021 年 5 月第 1 次印刷
ISBN 978-7-5486-1716-7/K·202
定　　价　58.00 元

(如发生印刷、装订质量问题,读者可向工厂调换)